U0185312

图说二十四节气

刘风雪 编著

三千年来
二十四节气里的
中国

北京日报出版社

图书在版编目（CIP）数据

三千年来二十四节气里的中国：图说二十四节气 ／
刘风雪编著. —— 北京 ：北京日报出版社，2021.2
ISBN 978-7-5477-3867-2

Ⅰ．①三… Ⅱ．①刘… Ⅲ．①二十四节气－普及读物
Ⅳ．①P462-49

中国版本图书馆CIP数据核字(2020)第204359号

三千年来二十四节气里的中国：图说二十四节气

出版发行：北京日报出版社
地　　址：北京市东城区东单三条8-16号东方广场东配楼四层
邮　　编：100005
电　　话：发行部：（010）65255876
　　　　　总编室：（010）65252135
印　　刷：山东临沂新华印刷物流集团有限责任公司
经　　销：各地新华书店
版　　次：2021年2月第1版
　　　　　2021年2月第1次印刷
开　　本：710毫米×1000毫米　1/16
印　　张：15
字　　数：300千字
定　　价：49.80元

版权所有，侵权必究，未经许可，不得转载

唐代李华《卜论》云："夫大人与天地合其德，与日月合其明，与四时合其序，与鬼神合其吉凶，不当妄也。"意谓人当与天地四时相契合，方可"无妄"；否则必有"妄"。这一点在现代社会已经被很好地印证：随着社会的发展、文明的演进，人们对自然的了解不断地深入。很多人自诩掌握了自然的规律，站在了食物链的顶端，以一种俯瞰的姿态傲视万物，少了"民胞物与"、休戚相关之感，无限制地征服和索取造成了生态环境的破坏，给人类带来了无穷的灾难。须知，现代人依然是自然人，仍然要遵循自然的规律，生活要符合气候的节拍，方能"行于所当行,止于所当止"。遗憾的是，许多人对节气的了解所知甚浅，或知其然而不知其所以然，或知其所以然而不知其用。鉴于此，前人关于节气的智慧，我们很有必要再认识和再重视。

二十四节气是中国这个古老农耕国度几千年的智慧结晶，并一直指导着人们的生产、生活，使人们千百年来与自然紧密地融合在一起，构建起一个活泼泼的生命共同体。作为干支历中表示自然节律变化以及确立"十二月建"的特定节令，二十四节气最初是依据北斗七星斗柄旋转指向，即"斗转星移"制定的。北斗七星由天枢、天璇、天机、天权、天衡、开阳、摇光等七颗星组成，是北半球（我国位于北半球）的重要星象。北斗七星循环旋转，与季节变换有着密切的关系，斗转星移时，北半球相应地域的自然节律亦在渐变，因此成为上古人们判断节气变化的依据，形成了"斗柄指东，天下皆春；斗柄指南，天下皆夏；斗柄指西，天下皆秋；斗柄指北，天下皆冬"（战国《鹖冠子》）的星象规律。现行的二十四节气乃依据太阳在回归黄道上的位置制定，即把太阳周年运动轨迹划分为 24 等份，每 15度为 1 等份，每 1 等份为一个节气，始于立春，终于大寒。

节气是古人对时间的一种划分，不仅与农业生产有关，还与空间、星象、颜色、神灵、动物、植物、农事、政事等紧密联系在一起，也与个体的饮食起居、精神生活有关，是古人"天人合一"理念的另一种表达。每个节气的名称、物候、民俗、养生、农事、诗歌等无不体现着中国人的文化积累和生活智慧。

为了使古人关于时间的智慧得以充分地展示，本书从节气的由来，相关的民俗、农事、生活等方面用通俗的语言进行说明，并配以插图和古人诗词，使

读者花较少的时间即可了解节气的内涵与意义。本书还试图在对节气的说明当中，使人产生一种对自然的敬畏之情；同时也让人理解当前民俗活动中的节气意味和其背后的美好祈愿，体味古人的生产生活，从而使我们能更好地感受时间、感受自然、感受生活。如果能使读者在阅读本书的过程中激发对中国传统智慧的兴趣，充分了解二十四节气中蕴含的文化知识，作为"他山之石"的本书也就达到其目的，也体现了其出版的价值。

本书的完成离不开众多前辈学者对二十四节气的研究，他们的成果为本书的编写提供了丰富的素材，在此一并致敬与致谢！由于受编写规模和作者才智的限制，书中难免存在各种各样的问题，还请各位方家教正。

2020 年 5 月于湘中

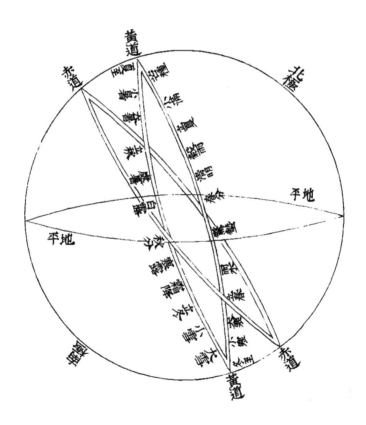

◎ 黄赤交道全图（清·李光地等《月令辑要》）

目录

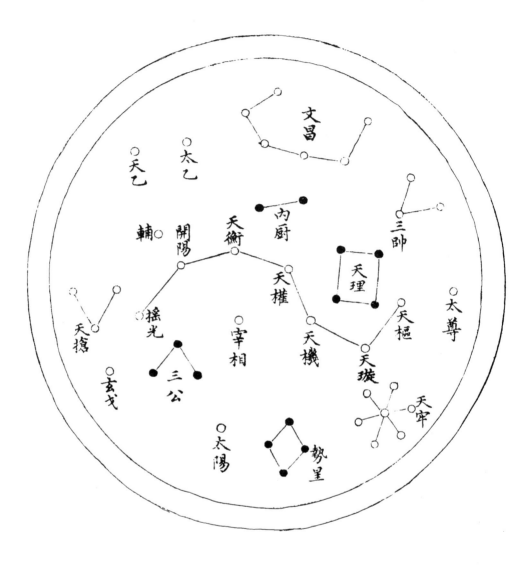

北斗七星（明・程大约《程氏墨苑》）

北斗七星指天枢、天璇、天机、天权、天衡、开阳、摇光七星，因其曲折如斗，故名。《鹖冠子·环流第五》称："斗柄东指，天下皆春。斗柄南指，天下皆夏。斗柄西指，天下皆秋。斗柄北指，天下皆冬。"

春

立春 斗指艮（东北），太阳黄经为315度，一般2月3日至5日交节，干支历寅月起始。

雨水 斗指寅，太阳黄经为330度，一般2月18日至20日交节。

惊蛰 斗指甲，太阳黄经为345度，一般3月5日至7日交节，干支历卯月起始。

春分 斗指卯，太阳黄经为0度，一般3月20日至22日交节。

清明 斗指乙，太阳黄经为15度，一般4月4日至6日交节，干支历辰月起始。

谷雨 斗指辰，太阳黄经为30度，一般4月19日至21日交节。

日月重光之日
（明·程大约《程氏墨苑》）

立春是二十四节气的第一个节气，太阳到达黄经 315 度时，即立春之日，意味着冬季的结束，春季的开始，时间一般在每年的公历 2 月 3 日至 5 日之间。

"立"的本义为笔直地站立，这里取引申义，即"开始"的意思。"春"又写作"萅"或"芚"，《说文解字》解释为："萅，推也。从艸屯，从日，艸春时生也。会意，屯亦声……今隶作春字，亦作芚。"元代吴澄《月令七十二候集解》中也说："立春，正月节。立，建始也。五行之气，往者过，来者续。于此而春木之气始至，故谓之立也。"立春即春天开始，立春以后，气温开始慢慢回升，万物也逐渐苏醒，生命的气息越来越浓烈。在北回归线以南的地区已经能看到早春的踪迹了，但北方的很多地区仍旧处于寒冷的天气当中，还属于气候学上的冬季。因为气候学是以每五天的日平均气温达到 10 摄氏度以上当作春季到来的标准的，按此标准，立春时我国有 93% 的地区还处于冬天。

立春

乍暖还寒万物苏

咏廿四气诗·立春正月节
唐·元稹

春冬移律吕，天地换星霜。
冰泮游鱼跃，和风待柳芳。
早梅迎雨水，残雪怯朝阳。
万物含新意，同欢圣日长。

清·王时敏《杜甫诗意图册》之一

立春三候

一候东风解冻
二候蛰虫始振
三候鱼陟负冰

古人把立春十五天分为三候，每一候有相应的物候对应。

"一候东风解冻"，东风即春风，此时在强冷空气的间隙中会有偏南风吹来，使气温有一定的回升，因而会使大地开始解冻。

"二候蛰虫始振"，蛰居冬眠的动物开始慢慢苏醒，振动着翅膀或肢体准备活动了。唐代王起曾写过一篇《蛰虫始振赋》并形象地描写道："万穴之中，或羽毛而栉比；积块之下，或鳞甲而骈罗……或振羽而不倦，或动股而不歇。"

"三候鱼陟负冰"，鱼儿开始到水面上活动，并不时触动水面上还没有完全融化的冰块，就像鱼背负着冰块在水中游动，好像鱼上有冰。古人原将三候描述为"鱼上冰"，在元代的时候才改为"鱼陟负冰"。孔颖达的解释比较详细："鱼当盛寒之时，伏于水下，逐其温暖，至正月阳气既上，鱼游于上水，近于冰。"

古人认为如果到了立春时节，这些该出现的物候没有出现，将会出现各种各样的社会问题。《逸周书·时训解》说："风不解冻，号令不行；蛰虫不振，阴奸阳；鱼不上冰，甲胄私藏。"说的是如果东风没有解冻，国家的号令就不会执行；冬眠的动物没有按时活动，那是阴气冲犯了阳气；鱼儿不浮上水面，意味着民间会私藏武器。

立春

宋·陆游

采花枝上宝旛新，
看遍秦山楚水春。
村舍不知时节换，
傍檐百舌苦撩人。

立春民俗

　　到了立春时节，天气开始转暖，各种春耕活动也即将全面展开。故立春在我们这个农耕国度十分受重视，在周代，每年的立春日，天子都要亲率文武百官去东郊迎春，期望新的一年风调雨顺，农业生产获得好的收成，于是衍生出许多祈福的活动。

　　立春时节，在我国很多地方有"打春"或者"鞭春牛"的习俗，即"鞭打春牛犁地"。东汉时，民间就制作陶牛，象征春耕生产的开始。到了宋代，开始出现"打春"习俗，各地方的官府为了体现对春耕的重视，在立春的前一天特意拴一条牛在府衙前面，在立春日用红绿彩鞭鞭打春牛。典礼结束后，旁观的老百姓将春牛分而食之。宋代吕原明《岁时杂记》："立春鞭牛讫，庶民杂众，如堵，顷刻间分裂都尽。"到了明代，随着朝廷对耕牛的重视，人们不再用活牛来举行"打春"仪式，而是制作假牛来代替真牛，有的地方用秸

清·佚名《春耕畿田》

秆等物做牛的骨架，外面用彩纸包裹，里面装满五谷，当"春牛"被打烂之后，五谷就流出来，人们就把流出的五谷收起来放进谷仓，讨一个"来年谷满仓"的好彩头。有的地方则用泥土制作假牛，将牛打碎之后，老百姓纷纷争抢春牛土，以抢到牛头为最吉利。因此，"打春"又叫作"抢春"，这可看作是对宋代抢牛肉习俗的沿袭。"抢春"在这里有双重含义，一是抢春牛土；二是抢春耕生产的时间，春天来了，每时每刻都很重要，关系着这一年的收获和温饱。故时谚说："春打六九头，备耕早动手，顶凌压麦田，生产争上游。""打春"或者"抢春"的习俗，现在在很多地方已经演变为一种吸引游客的民俗活动。虽然这种活动不再具有原来的意义，但人们依然能从中体会到祖先对时光的珍惜和对农业生产的重视。

在古代，民间除了"打春"活动外，不同地方和不同民族还有许多其他的民俗，如咬春、贴宜春字画、理农具、接春、春乱、春台戏、煨春等。

咬春，就是在立春这一天吃春卷、春饼、萝卜、五辛盘等具有时令特色的食物。南方主要吃春卷，在过去，立春日的南方市井中能看到很多叫卖春卷的小贩。春卷是用面粉做成圆形的薄饼，烙熟之后根据口味包裹或荤或素、或甜或咸的馅心，包成长条形，放至油锅中炸至金黄即可食用。春饼又称荷叶饼，

立春

唐·杜甫

春日春盘细生菜，
忽忆两京梅发时。
盘出高门行白玉，
菜传纤手送青丝。
巫峡寒江那对眼，
杜陵远客不胜悲。
此身未知归定处，
呼儿觅纸一题诗。

清·华嵒《山水十二开》之一

做法是用两小块水面，中心抹油，擀成薄饼，烙熟或蒸熟后再揭开，用来卷各类菜吃。饼的大小并没有具体规定，卷的菜也是根据各地风俗和个人喜好而有所不同。春饼最早出现在唐代，《四时宝镜》中有"立春日春饼、生菜，号菜盘"的记载。清代童岳荐《调鼎集》记载得更详细："擀面皮加包火腿肉、鸡肉等物，或四季应时菜心，油炸供客。又咸肉腰、蒜花、黑枣、胡桃仁、洋糖、白糖共碾碎，卷春饼切段。"与今人的做法差别不大。立春之日还有吃萝卜（又称莱菔）的习俗，东汉崔寔《四民月令》："立春日食生菜……取迎新之意。"但在汉代，咬生菜，并非专指吃萝卜，吃萝卜的习俗是在明代才开始确定下来，所以有的地方"咬春"就是指吃萝卜。明代刘若愚的《酌中志·饮食好尚纪略》可证明："至次日立春之时，无贵贱皆嚼萝卜，名曰咬春。"人们认为吃萝卜可以解春困，因萝卜性甘发散，顺应春天万物生发之天时，还具有祛痰、通气、止咳的作用。清代富察敦崇《燕京岁时记》："打春即立春，是日富家多食春饼，妇女等多买萝卜而食之，曰咬春，谓可以却春困也。"明代名医李时珍的《本草纲目》也说："莱菔……根、叶皆可生可熟，可菹可酱，可豉可醋，可糖可腊，可饭，乃蔬中之最有利益者。"五辛盘又称"春盘"，是将五种辛辣的蔬菜切成细丝装成盘，

立春偶成

宋·张栻

律回岁晚冰霜少，

春到人间草木知。

便觉眼前生意满，

东风吹水绿参差。

作为就餐下酒的调味品或凉菜；但五种蔬菜的组成各地稍有差别，有的地方用葱、蒜、韭菜、蓼蒿、芥，有的地方用葱、蒜、椒、姜、芥。

贴宜春书画，在唐代很盛行，老百姓在门壁上张贴宜春书画，内容为迎春祝吉，或书写"迎春""春色宜人""春光明媚"等文字，或画上各种迎春的图案，以迎接春天的到来。

理农具，农民在立春日后，开始整理农具，该修理的修理，该重置的重新购置，将农具进行归类整理，以备农需。有的地方还有专门试用农具的仪式，边试用边敲鼓，这种鼓称作长秧鼓，希望秧苗茁壮成长，谷物收成丰盛。

接春神，在民间，有些地方认为春神是一尊可以给人间带来吉祥的福神，接了它就可以五谷丰登、六畜兴旺、阖家安康，所以有"立春大似年"的说法。关于春神，古人认为就是"青帝"，即"五天帝"之一，或称为苍帝、木帝，也是百花之神。所以，"接春"的时候，人们要毕恭毕敬，仪式也是多种多样，有的地方放烟花，有的地方把事先准备好的松柏和樟树枝叶插在门窗上，有的地方用红纸写上"迎春接福"等字样，摆好供品，点燃香烛，迎接春神的到来。浙江东部则在庭院里烧樟树叶，认为可以祛阴邪，所以又把"接春"称作"烽春"。

关于"春乱"，主要有两种说法，一种是指立春前十天和后五天，民间传说这半个月期间诸神放假不值日，因此可以百无禁忌，不用看日子就可以结婚、动土等，即诸事皆宜。譬如以前有嫁娶失时的，可以在这段时间内重新举办婚礼，当然最好的日子是立春日。另一种说法就是，这段时间天气回暖，人们穿衣可以随意，即春季乱穿衣。

除了以上活动外，有些地方还举行各种娱乐活动，春台戏就是其中之一，人们在立春时节，邀请戏班子唱戏，其用意是为了赶走春困，提振精神。在立春这一天，老百姓将家中小孩早早赶起，让他们在外面高喊"卖春困"。陆游的《岁首书事》中就有"卖困儿童起五更"的诗句，并解释道："立春未明，相呼'卖春困'，亦旧俗也。""煨春"的用意与此相似，指用茶叶煎成浓茶饮用，用来振作精神，提升阳气。

立春农事

　　立春为二十四节气之首，对农耕影响十分巨大，谚云"春打六九头，遍地走耕牛""立春暖，麦苗险""立春西北风，万物不生根"。从冬至开始数九，每九天为一段，六九的第一天大多是公历 2 月 5 日前后，打春这天也恰好是在 2 月 5 日前后，此时开始早春播种，耕牛开始耕种，出现"遍地走"的景象。"立春暖，麦苗险"指的是立春前后，气温出现回升，导致麦苗提前返青，但这时气温不稳定，会出现倒春寒，使返青的麦苗受冻，所以有"麦苗险"的说法。"立春西北风，万物不生根"，指北方地区在立春时节出现风沙天气，将播下的种子吹走，出现万物不生根的现象。除此之外，还有许多农谚，如"立春晴，雨水匀""立春阴，花倒春""立春天气晴，百事好收成"等，都是劳动人民从农耕生产当中总结出来的经验。

　　具体而言，东北地区立春的农事主要有耙地、送肥等；华北地区主要是做好春耕前期准备；西北要整好麦地，施好肥；牧区牲畜的保暖不能放松；长江中下游等地要及时为农作物清沟理墒（shāng），疏通水渠；华南地区由于天气转暖，春耕生产已经开始，要做好早稻的下种工作；等等。

◇ 明·文徵明《立春进贺贴》（局部）

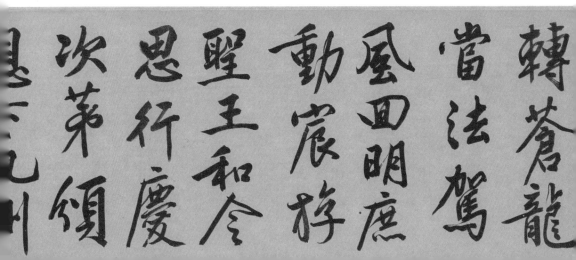

◎ 清·焦秉贞《御制耕织图》之三

立春進賀
玉殿千官
拜冕旒
紫衣京坻
在前頭四
時盛德初
臨木先日
嚴寒已

日月重光之月
（明·程大约《程氏墨苑》）

雨水

春雨如油农事忙

　　立春过后，雨水紧随而至。一般在公历 2 月 18 日至 20 日之间，农历正月十五左右，太阳到达黄经 330 度，这一天，一年当中的第二个节气——雨水，就开始了。

　　雨水，即降雨开始之义。北半球由于日照时数和强度的增加，气温开始迅速回升，从海洋吹过来的暖湿空气不断与大陆上的冷空气产生碰撞，冰雪融化，降雨量增加，多以小雨或毛毛细雨为主。《月令七十二候集解》称："正月中，天一生水。春始属木，然生木者必水也，故立春后继之雨水。且东风既解冻，则散而为雨水矣。"简言之，春属木，生木者水，水促进了木的生长，因此以雨水的节气方式呈现。

　　雨水过后，尽管中国大部分地区气温回升，但受纬度影响，华北地区的温度仍在零度以下，且南方暖空气给北方带来了大量的水汽，所以雨水节气是华北及其附近地区一年当中降雪量最大的时候。而西南、江南地区则不同，由于气温的回暖，很多地方出现了田野青青的早春景象，华南地区更是春意盎然，百花盛开。此时的天气明显比立春要暖和，与此相应地就出现了大家所熟悉的"雨水三候"。

咏廿四气诗·雨水正月中

唐·元稹

雨水洗春容，平田已见龙。
祭鱼盈浦屿，归雁过山峰。
云色轻还重，风光淡又浓。
向春入二月，花色影重重。

雨水三候

　　"一候獭祭鱼"，指的是水獭开始捕鱼了。在南方，立春后五日，水面开始解冻，水里的鱼儿开始浮出水面感受春天的温暖，呼吸氧气，靠捕鱼为食的水獭自然不会放过这个机会，但它们与其他动物捕食不一样，喜欢追求猎捕食物的数量，往往将捕到的鱼只吃一两口就放到一旁，然后继续去抓鱼，并将鱼排列在岸边，就像人们"陈列祭祀"一般，所以称之为"獭祭鱼"。这个物候也被古人当作渔禁解除的信号，认为渔人可以开始捕鱼了。《礼记·王制》曰："獭祭鱼，然后虞人入泽梁。"《淮南子·主术训》亦曰："先王之法……獭未祭鱼，网罟不得入水。"这个名称后来被文艺批评家用来评价那些在诗词写作中用典过多的现象，意即罗列典故就如同水獭祭鱼。李商隐在写诗的时候为了多用典故，往往查阅大量书籍，摆开的书籍就像水獭摆在岸上的鱼一般，这也是这种文学批评的最早出处。故李商隐被后人评价道："唐李商隐为文，多检阅书史，鳞次堆集左右，时谓为獭祭鱼。"因此，"獭祭鱼"有卖弄文采之嫌，略带贬义，后来有诗人把它当作一种自我嘲讽。

　　"二候候雁北"，到了雨水的第二个五天，大雁开始从南往北飞。《月令七十二候集解》解释道："孟春阳气既达，候雁自彭蠡而北矣。"大雁被古人看作是知时之鸟，天热回塞北，天冷来江南，塞北沙漠之地是其栖息处。

　　"三候草木萌动"，雨水的后五天，草木随着淅淅沥

临安春雨初霁

宋·陆游

世味年来薄似纱，
谁令骑马客京华？
小楼一夜听春雨，
深巷明朝卖杏花。
矮纸斜行闲作草，
晴窗细乳戏分茶。
素衣莫起风尘叹，
犹及清明可到家。

○ 清·王翚《仿古山水册·山云化雨》

沥的春雨开始抽出嫩芽，新绿渐现，大地开始出现一派生机勃勃、春意渐浓的气象。

如果这三种自然现象没有发生，古人认为会出现社会动荡，《逸周书·时训解》说："獭不祭鱼，国多盗贼；鸿雁不来，远人不服；草木不萌动，果蔬不熟。"意思是，如果水獭不祭鱼，国家就会出现盗贼；大雁如果不北归，意味着远人不服；草木如果不发芽，瓜果蔬菜就不会成熟。为何会出现这种联系？有人认为应该是这三种物候没有出现，意味着气候出现了异常，温度没有如期变暖，自然会影响农耕生产和收成，进而会影响社会稳定，其中也存在一定的合理性。

雨水民俗

雨水时节，烟雨蒙蒙，一改冬日的寒风凛冽，适宜的温度让人们感到惬意舒适，因此人们在这一天常采用不同的仪式或形式以祈求这一年的幸福安康，如拉干爹、接寿送节、回娘屋、占稻色、撞拜寄等。

拉干爹，又叫作“拉保保”，“保保”就是干爹的意思，在川西一带比较流行。由于古代医疗条件不是很好，为了让儿女们能健康成长，很多人家请人给儿女看命相，有的就会帮他们找个干爹，并希望借助干爹的福气护佑孩子一生。在雨水这天，父母会准备好装有酒水菜肴、香蜡、纸钱的篼篼，带着孩子在街上的人群中去找干爹。干爹的选取，一般根据父母对孩子的期望而定，如希望孩子长大后有文气的就找文人，希望孩子身体健壮的就找高大强壮的人，等等。有的人被拉住之后能跑掉就跑了，但大部分人会很爽快地答应，认为是别人对自己的认可，意味着自己有福气，并且相信自己的命运也会好起来。拉到之后，拉的人高声大喊“打个干亲家”，然后摆好带来的酒菜香烛，让孩子叩头行礼，边拜边喊“请干爹喝酒吃菜”之类的话语，父母再请“干亲家”给孩子取个名字，“拉干爹”就算成功了。分开后，常年走动的称为“常年干亲家”；分开后，不再走动的就叫作“过路干亲家”。为何在雨水这一天“拉干爹”？古人认为，雨水是春雨滋润万物的时节，因此父母希望子女能受到护佑，取“雨露滋润易生长”之意。

初春小雨

唐·韩愈

天街小雨润如酥，
草色遥看近却无。
最是一年春好处，
绝胜烟柳满皇都。

雨水时节

宋·刘辰翁

郊岭风追残雪去，
坳溪水送破冰来。
顽童指问云中雁，
这里山花那日开？

接寿送节，简称接寿，指川西一带，在雨水日，女婿给岳父母送礼过节。礼物一般是两样，一是两把缠有一丈二尺红带的藤椅，取"祝岳父岳母长命百岁"之意，称为接寿；一是炖了猪脚、大豆和海带等物的"罐罐肉"，感谢岳父母对女儿的抚育之情。如果是新婚的女婿送节，岳父母会用一把雨伞作回赠之礼，祝女婿在人生的奔波途中有遮风挡雨之物，一切顺利平安。

回娘屋，也称回娘家，与接寿送节是一起进行的，接寿送节表达的是女婿对岳父母的感激之情；回娘家则是女儿表达对父母的养育之恩。除了藤椅和罐罐肉之外，女儿还会带点其他礼品。

占稻色，是华南地区的一种重要民俗活动。宋代开始，稻作文化成为中国农业文明的主体，与之相应的民俗活动也就开始兴起，占稻色就是其中之一。这与吴越民间的"卜谷"具有同样的民俗意义，被许多学者看作是同一民俗的两种形态。两者时间上稍有区别，"卜谷"在正月十三、十四，占稻色则在雨水这一天。占稻色就是从爆出的米花的多少来预测当年稻谷的丰歉情况。赣南客家人将其称之为"米炮"，并作为一种过年时必备的食物。有些地方的客家人还用爆米花来供奉天官玉帝和土地等神，祈求家家户户五谷丰登。湖南有些地方也在过年的时候爆米花，或用来做炒糕，或用开水加油盐泡着喝。这些虽然与雨水节气关系不大，但也可看作是占稻色的一种变化。

撞拜寄，与拉干爹相似，只是不像后者一样有选择性，而是到了雨水这一天，父母拉着小孩清早在路边等第一个从面前经过的行人，不论男女老幼，拦住对方，就把自家小孩按捺在地，磕头拜寄，认作为对方的干女儿或干儿子。正因为没有事先预定的目标，所以称为撞拜寄，意图与拉干爹相同，都是希望孩子顺利、健康地成长。这种风俗在川西少数农村地区依然存在。

雨水农事

雨水时节，气候回暖，到了"七九河开，八九燕来；九九加一九，耕牛遍地走"的阶段，除了北方仍处于寒冬外，我国其他地方在春雨的浇灌下，出现了一派繁忙的农耕景象。降雨增多，越冬作物开始返青，农家开始抓紧时间，管理田地，同时做好选种、春耕、施肥等准备工作，尤其在有小麦和油菜的地区，还得及时浇灌农田，保证小麦拔节孕穗、油菜抽薹开花的水分供应，此时真的是"春雨贵如油"。当然，春雨多了，水量的管理也要注意，要知道"尺麦怕寸水"，雨水太多也会影响作物的收成。这时也是农作物最需要肥料的时期，正如民谚云："立春天渐暖，雨水送肥忙。"因有的地方天气尚冷，要做好培土、施肥、防冻的工作。另外，"雨水节，把树接"，在这十五天里，还要做好植树和苗木嫁接等工作。

"春雨贵如油"，在不同的地方有不同的说法。如广东地区就有"春雨贵如油，下得多了却发愁"的说法；河南一带则认为"春雨贵如油，不让一滴流"，或说"冬春雨水贵似油，莫让一滴白白流"；东北的吉林则有"春雨贵如油，夏雨遍地流"之说，这个时候的东北仍处于寒冬时节，春雨很少；陕西与河南相似，认为"春雨贵如油，许下不许流"，表现出一种对雨水的珍惜之意。同时，劳动人民也不因雨水充足而对生产懈怠，反而遵循"七九八九雨水节，种田老汉不能歇"的农谚，居安思危，辛勤劳作，不辜负老天爷的馈赠。

同时，古人也会通过雨水的"雨"去预测未来的天气，如"雨水落了雨，阴阴沉沉到谷雨"；也会通过雨水当天的冷暖去预测后面节令的天气，如"冷雨水、暖惊蛰""雨水东风起，伏天必有雨"。

清·华嵒《山水十二开》之二

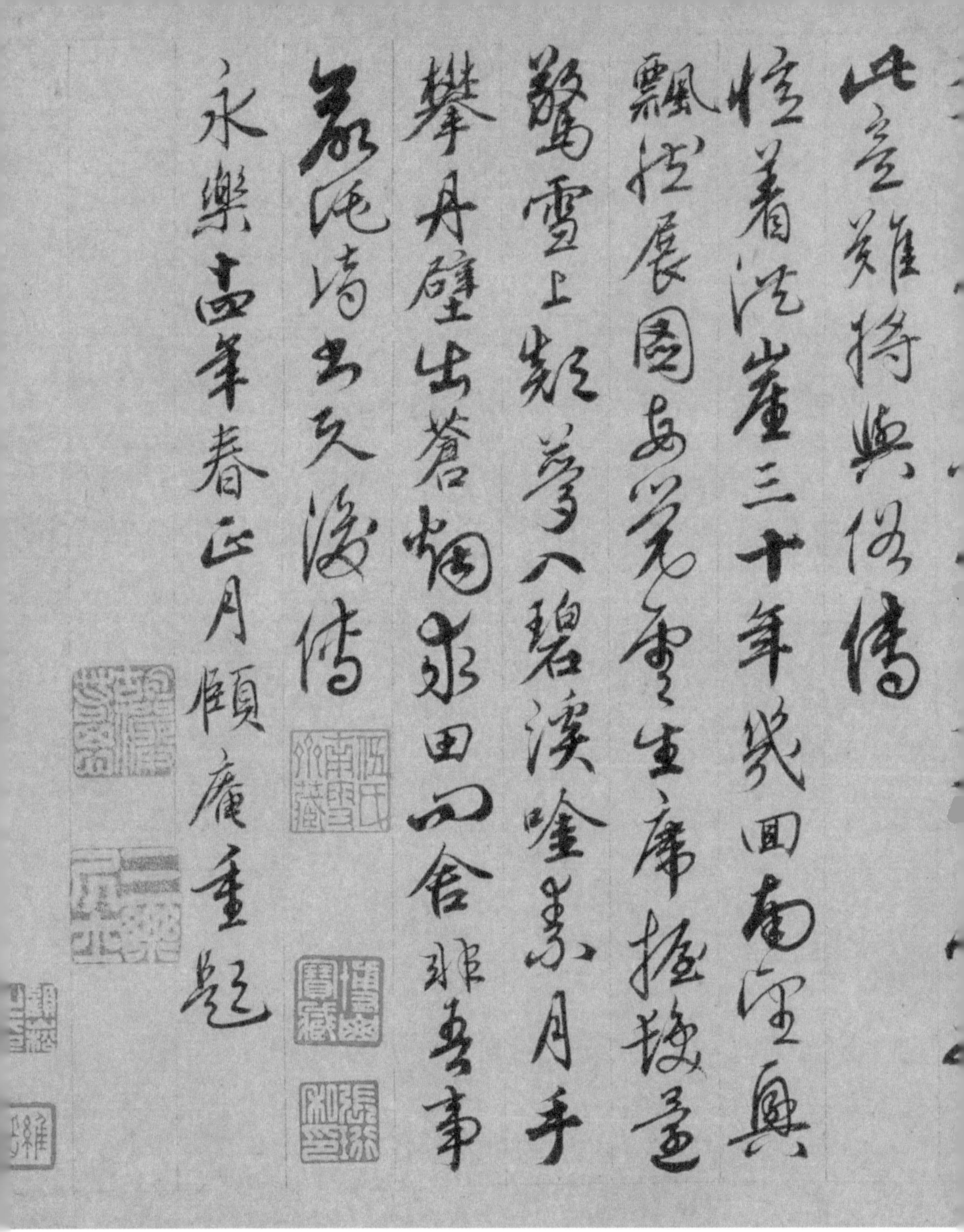

此意難將與俗傳

憶着泛崖三十年幾回南空興

飄搖展圖岩岫花氣生席握按邈

驚雪上龍夢入碧溪噲素月手

攀丹壁出蒼烟求田問舍非吾事

嘉泥淹出久海傳

永樂壬年春正月頋庵重題

○ 明·胡俨《题洪崖山房图诗》

释文：

忆着洪崖三十年，青青山色故依然。当时洞口逢张氲，何处人间有傅颠。阴瀑倚风寒作雨，晴岚飞翠暖生烟。陈郎胸次如摩诘，丘壑能令画里传。忆着洪崖三十年，梦中林壑思悠然。天边拔宅神游远，树杪骑驴笑欲颠。风动鹤惊苍竹露，月明猿啸绿萝烟。觉来枕上情如渴，此意难将与俗传。忆着洪崖三十年，几回南望兴飘然。展图每觉云生席，握发还惊雪上颠。梦入碧溪喧素月，手攀丹壁出苍烟。求田问舍非吾事，欲托诗书使后传。

惊蛰，二十四节气第三个节气。"蛰"即藏，指动物在冬天冬眠；"惊"，指春雷惊醒冬眠的动物。从立春日算起，春季已过三分之一，惊蛰标志着仲春正式开始，时间一般在公历的 3 月 5 日至 7 日之间，农历的二月前后，这时太阳到达黄经 345 度。此时，土壤解冻，地温回暖，春雷乍动，雨水增多，蛰伏的动物纷纷出土出穴活动，生机盎然，正所谓"春雷惊百虫"。惊蛰是气温回升最快的节气，北方大部分地方的气温也开始上升到 0 摄氏度以上，江南地区达到 8 摄氏度以上，华南地区则达到 10—15 摄氏度以上。故《月令七十二候集解》中说："二月节……万物出乎震，震为雷，故曰惊蛰。是蛰虫惊而出走矣。"但有研究表明，"惊蛰始雷"仅与我国南方部分地区的自然节律相吻合，北方大部分地区一般要到清明才有春雷声。实际上，昆虫并不是被雷声从冬眠状态中唤醒的，气候回暖，节气的变化才是动物苏醒的根本原因。该节气与农耕生产关联更为紧密，该种的农作物都开始种植了，正式进入春耕时节，故在农业方面具有十分重要的意义。

另外，惊蛰又称"启蛰"，《大戴礼记·夏小正》有"正月启蛰"的记载，今天的日本仍然使用"启蛰"这个名称。改为惊蛰，据说是为了避汉景帝刘启名讳，唐代一度曾改为"启蛰"，但习惯使然，《大衍历》（唐·僧一行撰）又开始使用"惊蛰"，并一直沿用至今。

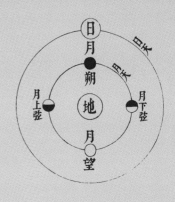

月朔望上下弦图
（清·李光地等《月令辑要》）

长空惊雷万物生

惊蛰

咏廿四气诗·惊蛰二月节

唐·元稹

阳气初惊蛰，韶光大地周。
桃花开蜀锦，鹰老化春鸠。
时候争催迫，萌芽互矩修。
人间务生事，耕种满田畴。

惊蛰三候

　　"一候桃始华"，桃花开始盛开。桃花是中国传统的园林花木，深受人们喜爱。《诗经》中就以桃花起兴，以桃花比喻新婚女子，一句"桃之夭夭，灼灼其华"（《周南·桃夭》）为人们千古传诵，既写出了桃花的艳丽与繁茂，也写出了女子的娇媚与可爱；三国时期的曹植用"容华若桃李"（《杂诗·南国有佳人》）来形容美人；东晋陶渊明写下《桃花源记》为人们描绘了一个理想的世

界。在一定意义上，桃花就代指春天与春光。后世的文人们对桃花也是情有独钟，如王维的"桃红复含宿雨，柳绿更带朝烟"（《田园乐》），写出了春天烟雨蒙蒙中的桃红柳绿；陆游的"桃源只在镜湖中，影落清波十里红"（《泛舟观桃花》），写出了作者在看到十里桃红时的喜悦之情。桃花除了成为诗中的意象，还成了画家笔下的素材。如宋徽宗赵佶的《桃鸠图》、宋代陈居中的《桃源仙居图卷》、明代仇英的《桃花源图》等。后来，桃花还作为吉祥物被刻印在各种器物上，寄托着人们的美好愿景。

"二候仓庚鸣"，《诗经·豳风·七月》的"春日载阳，有鸣仓庚"描写的就是这个物候。仓庚，庚亦作鹒，即黄鹂（又叫黄莺）。《章龟经》曰："仓，清

○ 清·王翚《仿古山水册·桃花春水》

也；庚，新也。感春阳清新之气而初出，故名。"据说黄鹂是最早感知春意的灵物，古诗中就有"柳花如雪满春城，始听东风第一声"（明·李东阳《黄莺》）的诗句。到了惊蛰的第二个五天，阳气渐生，黄鹂开始啼叫，它们欢快地唱着"春来到"，声音清脆而富有韵律，十分悦耳动听，深受人们喜爱，被称为大自然的歌唱家。古代以"莺""鹂"入诗的诗句特别多，如大家所熟知的"千里莺啼绿映红"（唐·杜牧《江南春》）、"两个黄鹂鸣翠柳"（唐·杜甫《绝句》）、"隔叶黄鹂空好音"（杜甫《蜀相》）等。黄鹂深受人们喜爱，除了声音动听之外，还因其承载着美好的寓意：黄鹂双宿双飞象征着婚姻的幸福美满，故惊蛰二候也是古人缔结姻缘的嫁娶之时；黄鹂守信之德与不妒之心代表着朋友之道；黄鹂催促农事的啼叫则成为为官者的守土职责，明代八品文官的官服上就缀着黄鹂的图案……

"三候鹰化为鸠"，鸠即杜鹃或布谷鸟，古人认为鸠是由鹰所化。而鹰与鸠虽同属鸟类，但绝不相同，亦不可互化。应当是由于秋冬高翔之鹰，到了春天就蛰伏起来繁育后代，而鸠则从蛰伏的状态开始鸣叫、求偶、孕育后代，此时只见鸠而少见鹰，故人们就创造了鹰鸠互化的神话，认为是春天到了，气候温和，连凶猛的鹰都变成温柔的鸠了。杜鹃帮助农人去除农林虫害，故深受人们喜爱，被称为吉祥之鸟。

与雨水节气三候相似，在古人眼中，如果这三候没有准时出现，就意味着会出现各种不祥之事。故《逸周书·时训解》说："桃不始华，是谓阳否；仓庚不鸣，臣不从主；鹰不化鸠，寇戎数起。"意即桃花不开意味着阳气不生，黄鹂闭嗓则会出现臣下不服从君王的境况，鹰不化为鸠则预示着贼寇四起。桃花不开那必然与天气有关，其他两者则没有必然联系，基本上是附会。

观田家

唐·韦应物

微雨众卉新，
一雷惊蛰始。
田家几日闲，
耕种从此起。
丁壮俱在野，
场圃亦就理。
归来景常晏，
饮犊西涧水。
饥劬不自苦，
膏泽且为喜。
仓廪无宿储，
徭役犹未已。
方惭不耕者，
禄食出闾里。

惊蛰民俗

在汉代刘歆的《三统历》中，惊蛰被称为"二月节"，因此有许多与过节相应的民俗活动，主要有祭白虎、打小人、祭雷神蒙鼓皮、吃梨、咒雀、撒石灰、撒蜃炭、煎香油饼、吃韭菜饼、炒惊蛰、吃炒虫、吃炒豆、吃蝎子毒等。

祭白虎，是为了化是非。民间认为白虎是口舌、是非之神，到了惊蛰这一天会出来觅食吃人。如果有人犯了白虎，就会招小人，影响一年运势，阻碍事业发展。大家为了自保，便在惊蛰那天祭白虎，化是非。拜祭时，用纸绘成白虎，斑纹为黄褐色，嘴角有一对獠牙，祭拜时用猪血喂之，让它吃饱后不再出口伤人，继而用生猪肉抹在纸老虎嘴上，使之充满油水，不能张口说人是非。有的也用鸭蛋喂白虎，用猪油抹嘴，喂的时候口中还不断念叨"好人近身，小人远离"之类的话语。

打小人，是为了驱霉运。古时老百姓在惊蛰这一天，手拿艾草、清香熏家中各个角落，驱赶蛇虫蚊鼠和霉味。因为惊蛰惊醒的不止益虫，也唤醒了各种蚊虫鼠蚁，为了家人安康顺意，故有驱蚊虫的活动。这个活动后来演变为"打小人"的风俗，主要流行在广东等地。到了惊蛰这一天，家庭主妇一边手握木拖鞋拍打小人纸，一边口中念着"打你个小人头，打到你有气冇定抖，打到你食亲乜都呕"等话。复杂一点的做法则是在惊蛰这天，人们在路边点好香烛，用鞋子拍打小人纸，边拍边

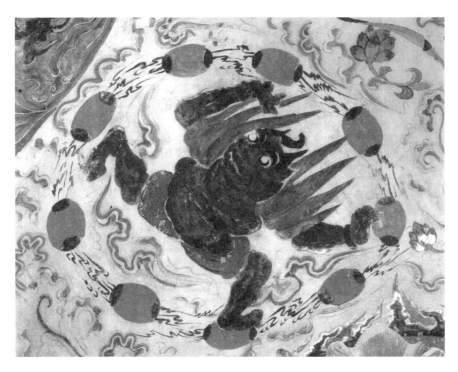

念"打你个小人头,等你有气无得抖;打你只小人手,等你有手无得有;打你只小人脚,等你有脚无得走"之类的话语。最后用纸老虎压住小人纸,用火点燃,并将五色豆抛入其中,整个仪式才结束。民俗研究者认为,人们的这些行为既有赶走小人、祈求一年顺顺利利的意思,也有发泄自己内心苦闷的心理作用。

祭雷神蒙鼓皮。《周礼·冬官考工记·鞞(yùn)人》称:"凡冒鼓,必以启蛰之日。""冒"就是"蒙鼓以革"的意思。古人认为惊蛰是雷声引起的,而雷声则是雷神打鼓所致,雷神鸟嘴人身,长着一双大翅膀,用手拿锤击打天鼓而发出雷声。故人们顺应天时,也利用这个时机来蒙鼓皮。

吃梨,古人很少在节日之际吃梨,但惊蛰是个例外。这种活动的来源有两种说法:一种说法是惊蛰吃梨寓意与各种害虫病分离,讨一个好彩头。另一种说法是传自清代雍正年间,其时有一个叫渠百川的晋商,在惊蛰之日"走西口",其父拿出梨让他吃,因为其祖上曾靠贩梨发家,吃梨是让其勿忘祖业，并光宗耀祖，渠百川后来成就一番大事业，创立字号"长源厚"。所以，后来"走西口"者都仿效吃梨，取"离家创业、努力荣祖"之意。但无论是哪一种，均是为了一种好的寓意，博得一个好彩头。

咒雀，这种活动在云南等地比较多。人们认为通过"咒雀"，可以使自家的作物不受鸟雀的啄食，能有一个好收成。到了惊蛰，大人叮嘱小孩将自家的田地全部走遍，边走边咒道："金嘴雀，银嘴雀，我今朝，来咒过，吃着我的谷子烂嘴壳。"尽管这种行为并没有什么实际效果，但也表现了农人对粮食的珍惜之意。

撒石灰，是一种驱除蚊虫的举动。这在南方比较普遍，就是将陈年的石灰撒在屋前屋后的排水沟中以驱除虫害。老百姓认为惊蛰这一天将石灰撒在门槛外，可保一年不受虫蚁侵害。撒蜃炭，蜃是各种蚌类和牡蛎的总称，将其壳烧成灰，和水撒在房屋各个角落处，可以去除虱子、跳蚤等害虫。可见，撒蜃炭与撒石灰有点类似。撒蜃炭盛行于沿海或江河沿岸的民间，因为只有这种地方蜃类才比较丰富。这一活动，早在周代就有了，《周礼·秋官司寇·赤发氏》云："赤发氏掌除墙屋，以蜃炭攻之，以灰洒毒之。凡隙屋，除其狸虫。"

煎香油饼，目的依旧是熏虫。我国有很多地方到了惊蛰日，家家用芝麻油煎炸糕饼。吃韭菜饼，古人认为用韭菜做的馅饼，吃了之后可以补虚壮阳、散疲活血，还可以消除体内毒素。

炒惊蛰、吃炒虫、吃炒豆、吃蝎子毒，意思都差不多，是不同地方在惊蛰这一天炒东西吃，认为这样可以去除虫害。炒惊蛰是广东大埔一带的做法，通过炒黄豆或麦粒来去除当地的黄蚁；吃炒虫主要流行于浙江宁波，以及闽西和赣南一带的客家人地区，一般是将豆子、玉米等炒熟分食。吃炒豆是陕西一些地方的习俗，将黄豆用盐水浸泡后放在锅中爆炒，使之发出"噼啪"之声，表示虫子被炒死了。吃蝎子毒也是陕西一些地方的做法，也是将黄豆炒熟给全家人吃，托名为"吃蝎子毒"；也有人认为是北方蝎子多，吃了可以避免被蝎子蜇。

惊蛰农事

　　惊蛰一到，气温迅速回升，真正的春耕季节到了，此时的农谚有"过了惊蛰节，春耕不能歇""九尽杨花开，农活一齐来"等。黄淮流域的冬小麦开始返青，需要大量水分。但在北方，惊蛰期间的雨水量并不充足，所以要注意小麦水分的供给。江南地区的油菜和小麦仍处于拔节孕穗期，供水、施肥和雨水期间一样要保证。华南地区的早稻播种要抓紧时机，并做好秧苗的防寒工作。茶树开始发芽，要及时修剪并多施肥，以保证茶叶的产量，其他各种果树也要施好花前肥。此时家禽家畜的病虫害防疫工作也不能放松。总之，到了惊蛰，田家不再闲，"亲家有话田间说"，否则"就像蒸馍走了气"，一年的收成就泡汤了。

秧苗初生（清末外销画《农家耕田图册》）

春分，又称"日夜分"，"分"是平分之意。这一天既是对春季九十天的平分，也是昼夜的平分，《月令七十二候集解》记："二月中，分者半也，此当九十日之半，故谓之分。秋同义。"董仲舒《春秋繁露·阴阳出入上下》称："春分者，阴阳相半也，故昼夜均而寒暑平。"

春分节气一般在公历的 3 月 20 日至 22 日，农历二月十五前后，太阳运行到黄经 0 度或 360 度。此时阳光直射赤道，全球各地昼夜时长几乎相等。从这一天开始，北半球日照时间渐长，直到夏至达到最长，因而在天文学上春分具有重要的意义。到了春分，我国除了华北、东北和西北以外，其他地方都进入了阳光明媚的春天，农作物也进入迅速生长期，谚云"春分麦起身，一刻值千金"。我国的季节划分以"立"为起点，即从立春至立夏之间为春季，其他依此类推；而西方的划分则是以"分"为起点，从"春分"至"夏至"为春季，其他季节亦如此。

古代天子在春分这一天都要举行祭日仪式。《礼记·祭义》称"祭日于坛，祭月于坎，以别幽明，以制上下"，孔颖达注："祭日于坛，谓春分也。"清代潘荣陛《帝京岁时纪胜》称："春分祭日，秋分祭月，乃国之大典，士民不得擅祀。"相传春分节气是帝尧的大臣羲仲在今山东威海文登的界石镇旸里村观察天象所确定的，为二十四节气的形成奠定了基础。

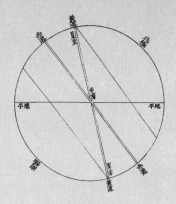

春分正视之图
（清·李光地等《月令辑要》）

春分

春色中分燕飞还

咏廿四气诗·春分二月中

唐·元稹

二气莫交争，春分雨处行。
雨来看电影，云过听雷声。
山色连天碧，林花向日明。
梁间玄鸟语，欲似解人情。

春分三候

　　"一候玄鸟至"，"玄鸟"是什么呢？有的说是燕子，有的说是陨石流星，有的说是凤凰，还有人认为是雄鸡；但在这里，确实是指燕子，"玄"的本义是赤黑色，由于这种颜色比较模糊，由此引申出深奥、玄妙等意，《说文解字》称："玄，幽远也。黑而有赤色者为玄，象幽而入覆之也。"南朝梁宗懔《荆楚岁时记》称："春分日，民并种戒火草于屋上。有鸟如乌，先鸡而鸣，架架格格，民候此鸟则入田，以为候。"燕子"春分而来，秋分而去也"（《月令七十二候集解》高诱注），春分时节燕子便从南方飞回来了。燕子的南北迁徙很有规律，给农人们带来了农耕的消息，在远古时期燕子甚至成了民族的图腾，如商朝人和秦人就视燕子为祖先，《诗经·商颂·玄鸟》："天命玄鸟，降而生商，宅殷土芒芒。"《史记·殷本纪》："殷契，母曰简狄……为帝喾次妃。三人行浴，见玄鸟堕其卵，简狄取吞之，因孕生契。"这里是说殷商的祖先由玄鸟之卵而来，故后世殷商人认为燕子来时是生育后代的好时候，夫妻宜于此时到郊外举行求子活动，并把这时所孕育的小孩称之为"玄鸟所生"。可见，燕子不仅带来了农耕的消息，也是美好的象征。

春分日

五代至宋·徐铉

仲春初四日，
春色正中分。
绿野徘徊月，
晴天断续云。
燕飞犹个个，
花落已纷纷。
思妇高楼晚，
歌声不可闻。

　　"二候雷乃发声"，到了春分的第二个五天，才开始出现雷声。《月令七十二候集解》："雷乃发声，阴阳相薄为雷，至此四阳渐盛，犹有阴焉，则相薄乃发声矣。"古人认为阳气在冬季潜藏于地下，春季阳气上升冲出地面，与阴气相搏并奋力冲破它的阻挠，隆隆出声，这就是雷产生的原因。所以说"阴阳相薄，感而为雷"，这种说法相比于现代科学说的雷是带阳电的云与带阴电的云相碰撞产生闪电，并释放出大量的热量，使周围的空气膨胀，发生爆炸式的震动而产生，更充满了人文气息。

◎ 宋·毛益《柳燕图》

"三候始电"，指到了三候才见到电光，也就是先闪电才有雷声。为何古人要将"雷乃发声"放到前面，而将"始电"放到后面？因为古人将雷声视为阳气渐盛的结果，闪电则是云层聚集的结果，古人认为阳先行，阴乃动，所以将二候定为"雷乃发声"，三候为"始电"，但这并不意味着古人不知道先看到闪电后听见雷声，《七十二候歌》就说："雷乃发声天际头，闪闪云开始见电。"

《逸周书·时训解》称"玄鸟不至，妇人不娠；雷不发声，诸侯失民；不始电，君无威震"，认为春分燕子没有回来，则妇女不会怀孕；没有雷声，诸侯就会失去他的百姓；不见闪电，君主就会没有威严。看来，古人时刻谨记时令关乎政事民生。

春分民俗

春分时天子要祭日，民间亦有相应的民俗活动，主要有竖蛋、吃春菜、粘雀子嘴、春祭、拜神、犒劳耕牛、送春牛等。

春分竖蛋，这一古老的中国先民习俗，到现在还深受人们喜爱。玩法很简单，选一个光滑的新鲜鸡蛋（有说必须是刚生下四五天的鸡蛋），轻轻地将其在桌子上竖起来，虽然很难，但成功者也不少。为何要在这一天竖蛋呢？据史料记载，这个活动可以追溯到四千年前，是先民们为了庆祝春天的到来而产生的。另外，竖蛋即立蛋，有"马上添丁"的寓意，人们在这一天竖蛋，祈求人丁兴旺，所以有"春分到，蛋儿俏"的说法。竖蛋的原理其实很简单，因为蛋壳表面并不平坦，而是有许多的小突起，三个突起即可形成一个稳定的三角形平面，如果能找到一个这样的三角形就可竖蛋成功。

吃春菜，岭南四邑（指广东江门地区的新会、台山、开平、恩平四地）有个不成文的习俗，就是在春分这天，全村人要上山采一种野苋菜，将其与鱼片"滚汤"，所以又叫作"春汤"。据说，吃了之后，家宅安宁，身强体壮，因此还形成了一句顺口溜："春汤灌脏，洗涤肝肠；阖家老少，平安健康。"

粘雀子嘴，指的是春分这一天，农家要吃汤圆，并且要将一二十个不包馅的汤圆煮好，用细竹叉串着放在田边地垄旁，让雀子饱餐一顿，同时还粘住它们的嘴巴，不来

蝶恋花

宋·葛胜仲

已过春分春欲去，千钜花间，作意留春住。一曲清歌无误顾，绕梁余韵归何处。

尽日劝春春不语，红气蒸霞，且看桃千树。才子笙歌谈更五鼓，剥啄惊笔挥风雨。

竹千竿碧玉姿友省畫長間自詠那
如琭琭作歌詞 紅橋綠板跗朱樓
駿馬尋芳記昔遊 自作夕郎曾頮
瀏亮悵明月滿揚州
丁亥八月題似
蕉窗老先生并政 王鴻緒

春風長藥苗下喜新雨足青黃
罥小圃參苓雜杞菊詩人每善
病藥裹香可搦經卷伴繩床燈
煙霏簌竹日病輒得閒清詩盈
卷軸蕭晨入春山長鑱掘黃獨
靈根出紫泥和雲半襄來歸來
呼奚童澗泉一馬沐髮稀天
臺還回首迷嚴谷高縱寄霞
表相者鬢長綠

西儂宋犖題

○ 清·禹之鼎《春泉洗藥圖卷》

姑射僊人冰雪膚新詩傳
暢滿通都檀匂避暑移為別
更展春泉洗茶圖
　　題小照冊別
　蕉飲館文
　　　　王士禛

時
春泉水正乞當階紅藥
逸興謝家詩御溝流到
頃訪名山東有期鹿門

柳筐雉子冠八匝春光爛錦照
青蒲昌時諫草原馬野冷寫
鶯花入畫圖憶汾鳳沼挼薜
華六詔還奉使桂樹攀六七
桃李盛遠欄如看日南花万花保
愛聽泉甘洗藥何酒訪菊渾想
見鄰燒漢不食芝英風寶嵩角

丙戌嘉平月題為
蕉飲邨謹書
陳廷敬

破坏庄稼，这样的做法有祈祷丰年、感谢雀儿们提醒农时之意。

春祭，祭拜先祖和扫墓。民间认为，为先祖扫墓最迟要在清明节前完成，因为清明节后，祖先的墓门会关闭，无法享受祭品。所以，在春分时候，祭祖、扫墓就开始了。整个活动很有仪式感，先要准备好猪、牛、羊等祭品，作好祭文，然后在祠堂举行隆重的祭祖仪式，期间邀请吹鼓手奏乐，礼生念祭文，行三献礼。扫墓的时候，从开基祖和远祖开始，全体族人参加，然后分房扫祭各房祖先，最后扫祭家庭私墓，整个活动才圆满结束。

拜神，是在春分期间举行的活动，主要有漳州人二月十五祭拜开漳圣王，潮州人二月二十五祭拜三山国王。开漳圣王又叫陈圣王，是唐代武进士陈元光，二月十五是其诞辰，他对漳州有功，后世将其看作漳州守护神，所以在这一天祭拜他，感谢他的护佑。三山国王指的是揭阳县独山、明山、巾山三山的山神，曾为潮州客家移民守护神，故客家人在二月二十五三山国王的祭日这一天祭拜。

犒劳耕牛，主要流行于江南一带。春分时节，耕牛将开始一年的辛勤劳作，主人为了犒赏耕牛，在春分这一天用糯米团喂耕牛。

另外，很多地方还在这一天有放风筝、簪花喝酒、送春牛等活动。妇女小孩在风筝上写上祝福，到田野中去放飞，希望天上的神能够看到。送春牛，将印有全年农历节气和农夫耕田图样的二开红纸或黄纸，送到各家各户去，有提醒农时之意。

癸丑春分后雪
宋·苏轼
雪入春分省见稀，
半开桃李不胜威。
应惭落地梅花识，
却作漫天柳絮飞。
不分东君专节物，
故将新巧发阴机。
从今造物尤难料，
更暖须留御腊衣。

春日田家
清·宋琬
野田黄雀自为群，
山叟相过话旧闻。
夜半饭牛呼妇起，
明朝种树是春分。

春分农事

　　春分时节，"一场春雨一场暖"，中国南方的气温为 15—20 摄氏度，北方及高原地区的气温也有 5—10 摄氏度。这个时候既是水稻、玉米的播种季节，也是植树造林的好时节，还是冬季作物的春季生长阶段，正如民谚所说："二月惊蛰又春分，种树施肥耕地深。"北方降水量少，要做好蓄水保墒工作；南方降水量多，桃花汛期来到，就要做好作物的防涝工作。所以，春分的春管、春耕、春种进入繁忙阶段。另外，还要做好各种作物包括树木的虫害防治。

　　尽管春分时节气温回升，但在华北、东北和西北地区会出现"倒春寒"，有的地方甚至还会下雪，气温可降到 5 摄氏度以下，华南地区也会出现连续的阴雨天气。这会严重影响冬小麦的孕穗和油菜的开花授粉，还会给早稻、棉花、花生等作物造成死苗、烂秧、烂种，降低作物产量。因此，防冻工作要结合天气预报，在冷空气来临的时候浸种催芽，冷空气结束时抢晴播种，这就是民间说的"冷尾暖头，下秧不愁"。

清·陈枚《耕织图册·浸种》

月建天干释名图
（清·李光地等《月令辑要》）

清明

听风听雨忆故人

　　清明，既是节气也是节日，交节时间一般在每年公历的 4 月 4 日至 6 日之间。节期处于仲春与暮春之交，太阳到达黄经 15 度。日照时间相比春分更长一些，此时冰雪消融，草木青青，阳气旺盛，到处春和景明。

　　《月令七十二候集解》中说："物至此时，皆以洁齐而清明矣。"清代富察敦崇《燕京岁时记》中说："万物生长此时，皆清净明洁，故谓之清明。"清明节气由此而来。这描述的主要是华中和华南大部分地区，华北和西北的天气则不一定清澈明朗，因为此时的北方虽然气温回升到 10—15 摄氏度，"清明断雪"，但降水较少，反而以风沙天气居多。南方降雨量比较多，气温变化较大，风多雨多，为万物的生长提供了足够的水分。

咏廿四气诗·清明三月节

唐·元稹

清明来向晚，山渌正光华。

杨柳先飞絮，梧桐续放花。

鴽声知化鼠，虹影指天涯。

已识风云意，宁愁雨谷赊。

清明三候

"一候桐始华"，到了清明梧桐树才开始开花，故把梧桐当作清明一候的标志。古人对梧桐有一种特别的喜爱，把它比作高洁的君子，具有吉祥之意，认为凤凰非梧桐不栖。《诗经·大雅·卷阿》"凤凰鸣矣，于彼高冈。梧桐生矣，于彼朝阳"应该是将凤凰和梧桐结合在一起的最早记载。也正因为其高洁，古代的知名古琴几乎都是桐木所制，如蔡襄的"焦尾琴"。据现代植物学证明，清明开花的梧桐应该是泡桐，因为泡桐才春天开花，颜色为紫色和白色。这种花开在春天过去三分之二、百花凋谢之时，虽然花色灿烂，但是未免有一种春意阑珊之感，成为一种"殿春"之花，繁华中透出一种春逝之悲。在古人看来，如果清明一候梧桐树不开花，当年将会有大寒。花不开，则气温不够，意味着天气寒冷。

"二候田鼠化为鴽"，又说是"二候田鼠化为鹌"。鴽就是鹌鹑类的鸟儿，说法虽异，意思却相同。田鼠与鹌鹑本是两种不同动物，其"互化"同样是古人阴阳学的理解。在古人看来，鹌鹑属阳，而田鼠则是属阴。春天阴消阳长，鹌鹑开始钻出树洞，飞向树枝，极富生气；而喜阴的田鼠则躲进洞穴，不见踪影，因此说"田鼠化为鴽"。而田鼠不化为鹌鹑，则意味着国家将出现贪婪残暴之人，这当然有附会之嫌。因为田鼠是老百姓讨厌的对象，《诗经》中的"硕鼠"就代表着贪婪和残暴。

"三候虹始见"，到了清明三候，雨后可以见到彩虹

寒食野望吟

唐·白居易

乌啼鹊噪昏乔木，
清明寒食谁家哭。
风吹旷野纸钱飞，
古墓垒垒春草绿。
棠梨花映白杨树，
尽是死生别离处。
冥冥重泉哭不闻，
萧萧暮雨人归去。

了。彩虹的出现有一个必然的条件，就是空气中粉尘很少。冬天风很大，飞尘也多，降雨也少，空气中产生折射的水滴很少，故很少见到彩虹；清明时节，降水多，且有雷电对粉尘的净化，又有绿色植物对尘土的遮挡和吸收，于是雨后就会出现彩虹，故明代名医龚廷贤《十二月七十二候歌》称："虹桥始见雨初晴。"也因为是雨后见彩虹，古人常将此种现象比喻为君子守得云开见月明，预示着好运将至；而如果彩虹不出现，则表明社会上有淫乱的现象，社会不清明。

说到清明，就不能不说清明节，清明节又称踏青节、三月节、祭祖节等，是祭祀先祖与踏青郊游两大礼俗主题的结合，是自然节气与人文风俗融为一体的节日，与春节、端午节、中秋节并称为中国四大传统节日。中华民族是一个慎终追远的民族，清明节就是人们尊祖敬宗、继志述事的节日，有近两千年的历史，后来又融合了寒食节和上巳节的相关习俗，形成了今天的清明节。寒食节在清明的前一两天，主要习俗是禁烟火、食冷食，民间传说是纪念介之推而成立的，实际上是沿袭了上古时期"改火"的习俗。《周礼·夏官司马·司爟》称"四时变国火，以救时疾"，《周书·月令》（传为周公所作，已佚）言："春取榆柳之火，夏取枣杏之火，季夏取桑柘之火，秋取柞楢之火，冬取槐檀之火。一年之中，钻火各异木，故曰改火也。"在古代，人们认为火烧得太久会致病，于是每个季节都要重新通过钻木以获取新火，后来就改为一年一次，即在寒食节这一天改火。后来，又增加了上坟祭扫、荡秋千、斗鸡等习俗。上巳节，又称三月三，古人在这一天要举行隆重的"祓除畔浴"活动，即人们结伴去水边沐浴，祛除灾病，祈求福祉。上巳节又称女儿节，少女的成人礼在这一天举行。少女的成人礼在魏晋以前不是固定的，如汉代定为三月上旬的第一个巳日，魏晋以后改为三月三，还增加了水边宴饮、郊外游春等活动。水边宴饮有一个很优雅的名字——曲水流觞，王羲之的天下第一行书《兰亭集序》就是在这一天中写成的，成就了书坛的一段佳话。到了宋代，上巳节和寒食节慢慢地就和清明节融合在一起了。

清明民俗

　　正因为清明这一天既是节气也是节日，同时还融合了寒食节和上巳节的一些传统，其民俗活动十分丰富，主要有扫墓祭祀、踏青、植树、放风筝、插柳、拔河、荡秋千、斗鸡、射柳、蹴鞠、蚕花会等。

　　扫墓祭祖，原是寒食节的习俗，在唐代时已经相传成俗，被唐玄宗列入礼典，并规定放假四天，让文武百官祭拜先祖。后来还增加到七天，成为唐代一个十分隆重的节日。宋代的寒食节和清明节放假也是七天，宋代吴自牧《梦粱录》记载："官员士庶俱出郊省坟，以尽思时之敬。"《帝京岁时纪胜》亦云："清明扫墓，倾城男女纷出四郊，担酌挈盒，轮毂相望。"可见人们对扫墓的重视。扫墓的时候，人们穿上素服，携带先祖喜欢的食物和纸钱来到墓地，先剪除墓旁杂草，培好新土，折几枝嫩绿的枝条插在坟上；然后摆好祭品，焚化纸钱；最后行礼祭拜并哀泣拜别，供奉祖先的祭品，要拿到看不到先祖坟墓的地方才能食用。扫墓，一方面是为了表达对先人的追思，另一方面是祈求

◎ 清·佚名《清明易简图》(局部)

先祖庇佑，护佑子孙后代兴旺发达。有的地方扫墓，一般上午出发，下午一点之前必须扫完，有的地方还有家族祭，即在祠堂祭完先祖后，全族会餐。

踏青又称探春、寻春、游春等，习俗由来已久，有的说在先秦时期就已出现，如《论语·先进》："莫春者，春服既成，冠者五六人，童子六七人，浴乎沂，风乎舞雩，咏而归。"也有说是魏晋时期，《晋书》中就有人们结伴郊游的习俗记载。到了唐宋尤为盛行，宋代诗人吴惟信有诗可证："梨花风起正清明，游子寻春半出城。日暮笙歌收拾去，万株杨柳属流莺。"(《苏堤清明即事》)现代人也爱利用清明假期外出游玩，感受大自然的美景。

植树也是清明的一大活动。清明前后，雨水充足，阳光明媚，适宜植物生长，成活率高，故古人还曾把清明节称作"植树节"。这个活动和插柳结合在一起，因为柳树容易成活，只要把柳枝插在土壤肥沃处就可生根发芽。插柳活动有两种传说，一种说是为了纪念神农氏，后来发展为祈求长寿的意蕴；一种是为了纪念介之推，晋文公带领百官祭奠他时，发现介之推曾经靠过的老柳树又萌发新芽，于是赐这棵柳树为"清明柳"，也就慢慢演变为插柳。另外还有一种活动是戴柳，据说唐太宗在清明时节将柳圈赐给大臣，以示赐福驱疫。宋代以后有将柳枝带回家插在门楣上辟邪的活动，陆游在《春日》一诗中就有"人家插柳记清明"的诗句。

放风筝，据说在宋代以前只是贵族子女游玩的活动，后来才在民间盛行。人们不仅白天放风筝，晚上也放，在风筝上或者拉线上挂上彩色的小灯笼，放到天上像闪烁的星星，被称作"神灯"。有的地方的习俗还将风筝放上天后剪断拉线，任凭清风将风筝四处飘送，据说能消灾祛病，带来好运。

拔河这项运动出现于春秋后期，起始是在军中流行，后流传于民间。唐代以前叫作"牵钩""钩强"，唐代才叫作"拔河"，唐玄宗时曾在清明举行盛大的拔河比赛，从此成为清明的一个习俗。

荡秋千的习俗由来已久，原来叫"千秋"。最初是一种女孩子玩的游戏，南北朝就已盛行。民俗专家认为秋千来源于原始社会，当时的人们为了获得食物，要在树上攀缘，就创造了这种活动。也有传说是北方的少数民族山戎所创，齐桓公伐山戎，将这种活动带回中原。到汉武帝时，因其与"千秋万

◎《升平乐事图册·蝙蝠风筝》

世"这个词冲突，故改为秋千。经过不断地改良，秋千成了两根绳加一块木板的样子。五代王仁裕《开元天宝遗事》载："天宝宫中至寒食节竟竖秋千，令宫嫔辈嬉笑以为宴乐。帝呼为半仙之戏，都中士民因而呼之。"宋代宰相文彦博《寒食日过龙门》诗："桥边杨柳垂青线，林立秋千挂彩绳。"在古人看来，荡秋千可以祛除百病，荡得越高生活越幸福。现在清明荡秋千的活动已不多见，倒是成了儿童喜爱的一项游乐活动。

斗鸡在《左传》和《战国策》中都有记载，是古人所喜爱的一种娱乐活动，从皇宫内院到民间都有，并从清明一直延续到夏至。唐太宗每年清明节都要在宫内举行斗鸡比赛，鼓乐齐鸣，场面相当壮观，文武百官、后宫嫔妃都到场观看。后来唐玄宗等皇帝都很喜欢这项运动。

射柳就是将放有鸽子的葫芦挂在柳树上，用箭射葫芦，葫芦碎后鸽子飞出，以鸽子飞的高度来判定输赢。

蹴鞠，蹴是用脚踢，鞠是外用皮革做成、里面塞满毛发的球，合起来就是

◎ 明·佚名《明宣宗行乐图卷·蹴鞠》(局部)

◎ 交六气时日阴阳升降图
（明·冯应京《月令广义》）

用脚踢球。这是中国一项极为古老的运动，传说在商朝就已经出现，也有传说是黄帝发明用来训练战士的，战国时流入民间，汉代则在军中盛行，唐宋时成为一项极为流行的运动，"球终日不坠"更是常态。杜甫《清明》一诗中就有"十年蹴鞠将雏远，万里秋千习俗同"的句子，形容当时蹴鞠和荡秋千运动的普及度。不过遗憾的是，到了清代，这项运动就渐渐不流行了。

蚕花会，是清明时节蚕乡如浙江乌镇、崇福、洲泉等地的一项民俗活动，具有鲜明的地域色彩。据说清明时节，蚕花娘娘会在这段时间遍撒蚕花。古时蚕农为了祈求神灵的庇护，会举行蚕花会、迎蚕神、祭蚕神等活动，希望能获得蚕业大丰收。在清明这天夜里，蚕农进行设祭，举行裹白虎、斋蚕神等活动，期间要烧香祈蚕，抬着蚕花轿出巡，妇女儿童沿街拜香唱曲，到庙里会合。尤以洲泉马鸣庙和青石的蚕花会最为精彩隆重，马鸣庙的蚕花会还被称为"庙中之王"，丰富热闹，有摇快船、闹台阁、拜香凳、打拳、龙灯、翘高竿、唱戏文等多项活动。

除了以上比较流行和普及的民俗之外，还有吃青团和枣糕的习俗。前者主要流行于江南一带，后者主要在北方比较盛行。

清明农事

　　到了清明时节，各项农事活动全面铺开，农谚"清明前后，点瓜种豆""植树造林，莫过清明""清明节，命蚕妾，治蚕宝"等，都说明了清明的繁忙与重要。

　　清明一到，我国大部分地区的温度到了 10 摄氏度以上，但北方地区仍有冷空气入侵，对东北和西北正在拔节的小麦来说，需要做好肥料和水分的管理，并做好病虫害的防治工作。南方则要抓紧晴暖天气做好稻谷的播种育秧和施肥工作。随着降水增多，还要做好田间管理，防范湿害对庄稼的伤害。"梨花风起正清明"，各种果树要加强人工授粉工作，保证挂果量，还要做好病虫害防治，尤其防治腐烂病。清明前的茶叶一直深受人们喜爱，茶农一般会在节前赶制产量较低的明前茶，期待卖个好价钱，而节后的春茶生产也非常重要。

◎ 秧苗施肥（清代外销画《农家耕田图册》）

對瀟湘

思陵書杜少陵詩趙吳興補圖乃稱二絕

趙畫學王摩詰筆法秀古使在宋時應

詔當壓駒驥輩為宗室白眉矣

甲辰六月觀於西湖畫舫　董其昌題

● 宋·赵构《宋高宗书七言律诗》

释文：
暮春三月巫峡长，
皛皛行云浮日光。
雷声忽送千峰雨，
花气浑如百和香。
黄莺过水翻回去，
燕子衔泥湿不妨。
飞阁卷帘图画里，
虚无只少对潇湘。
（唐·杜甫《七言律即事诗》）

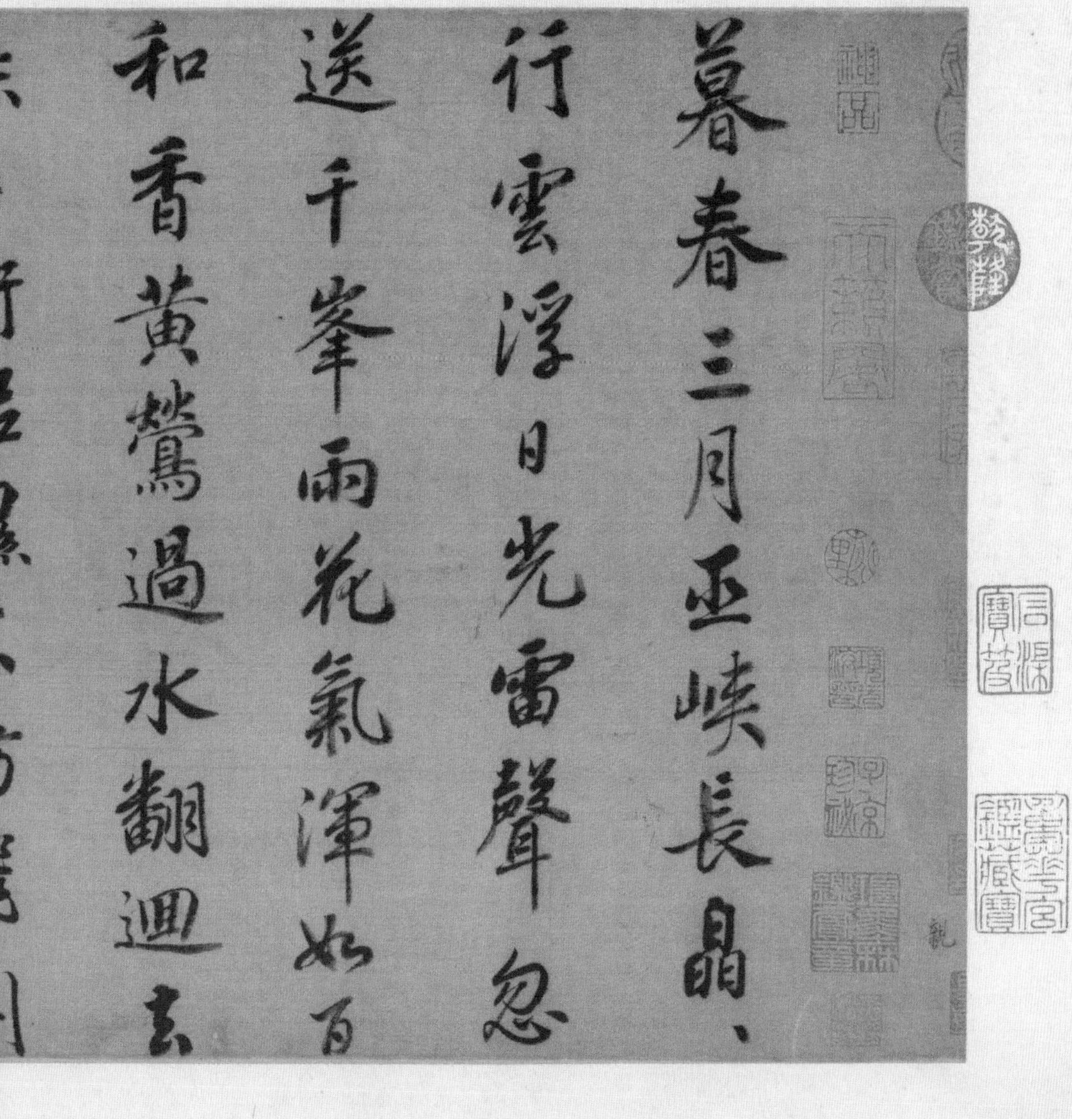

暮春三月巫峡長、皛

行雲浮日光雷聲忽

送千峯雨花氣渾如百

和香黄鶯過水翻迴去

燕子銜泥濕不妨飛閣

月建地支释名图
（清·李光地等《月令辑要》）

谷雨

鹧鸪声里生百谷

农谚云："清明断雪，谷雨断霜。"到了谷雨，寒潮天气基本结束。此时，太阳到达黄经30度，每年公历的4月20日左右交节，取"雨生百谷"之意。《月令七十二候集解》："三月中，自雨水后，土膏脉动，今又雨其谷于水也。雨读作去声，如'雨我公田'之雨。盖谷以此时播种，自上而下也。"这就是"谷雨"的由来。这时的降水量明显增加，每年的第一场大雨就出现在谷雨，正好满足各类植物的生长需要，"时雨乃降，五谷百果乃登"（《管子·四时》），尤其以华南地区为甚，淮河以北地区的春雨相对较少。由于谷雨是春季的最后一个节气，所以气温升高较快，华南大部分地区的气温达到20—22摄氏度，比清明平均高2摄氏度以上，有的地方甚至会出现30摄氏度以上的天气，空气湿度也较大。

关于谷雨的由来有很多神话传说，有说是仓颉造字之后，玉帝要奖励他一个金人，但仓颉不要金人，要天下五谷丰登，玉帝就给老百姓下了一场谷子雨。黄帝知道后很感动，就把这一天称作谷雨，命令天下人每年的这一天都要载歌载舞，感谢上天。在今天的陕西白水一带，人们把谷雨日作为祭祀仓颉的节日。

咏廿四气诗·谷雨三月中

唐·元稹

谷雨春光晓，山川黛色青。
叶间鸣戴胜，泽水长浮萍。
暖屋生蚕蚁，喧风引麦葶。
鸣鸠徒拂羽，信矣不堪听。

谷雨三候

　　"一候萍始生"，谷雨的第一个五天浮萍开始生长。萍就是水藻，"萍，水草也，与水相平，故曰萍；漂流随风，故又曰漂"（《月令七十二候集解》），是"静以承阳"的植物，对温度要求高，如果天气寒冷，浮萍就不会出现，只有到了谷雨时节，春水温暖，才会出现"萍水相逢"的景象。如果谷雨一候的时候没有见到浮萍，就意味着阳气不足，阴气还很盛，故《逸周书·时训解》有"萍不生，阴气愤盈"之说。

　　"二候鸣鸠拂其羽"，到了谷雨二候，鸣叫的斑鸠开始梳理它们的羽毛。其实，斑鸠和布谷是两种鸟，但都属

○ 清·王翚《仿古山水册·萧寺晚晴》

于鸠类，两者的叫声都有"谷"音，这里的鸠主要还是指清明时节"鹰所化"的布谷鸟，它们"布谷、布谷"的叫声似乎在提醒人们抓紧时机耕作，农谚中的"阿公阿婆，割麦插禾"，就是对这一候的生动描写。布谷鸟古人又称之为杜鹃、子规、催归、杜宇等。相传古蜀国的国君望帝死后化为布谷鸟，每到春天就不断地叫着"快快布谷"，催促人们赶紧播种；还有的认为布谷鸟不断地叫"不如归去"，提醒在外游玩的游子早点回家，一直叫到嘴巴流血，染红了山间，长出了漫山遍野的杜鹃花。《本草纲目》中也说："拂羽飞而翼拍其身，气使然也。盖当三月之时，趋农急矣，鸠乃追逐而鸣，鼓羽直刺上飞，故俗称布谷。"杜鹃拂羽也有说法是因为它们的羽毛厚，这个时候天气又热，要不断梳理，并有向异性求偶的意思。《逸周书·时训解》称："鸣鸠不拂其羽，国不治。"这个时候还不梳理羽毛，说明气温不高，不适宜种植作物，这将有碍农时，影响农作物的收成，国家治理就有难度。

"三候戴胜降于桑"，《七十二候》中解释"戴胜"为"织之鸟，一名戴鵀（rén），降于桑以示蚕妇也，故曰女功兴而戴鵀鸣"。戴胜鸟降落到桑树上，提醒蚕妇蚕桑、女红之事该好好准备了。戴胜的名从何来呢？因为我国古代的女子头饰叫作"胜"或"华胜"，是一种花形首饰，通常制成花草状插在发髻上或额前。戴胜鸟头上有一丛羽冠，平时叠在头上，兴奋的时候则展开，与女子头上的华胜很相似，于是就有了这个学名。中国人认为戴胜鸟象征着祥和、美满、快乐，如果戴胜鸟没有如期而至，则"政教不中"（《逸周书·时训解》），即朝廷的政令教化没有发挥其真正的作用。

◎ 清·蒋廷锡《鸟谱·戴胜》

谷雨民俗

　　"细雨潺潺"的谷雨带给人们无尽的希望和憧憬，与其他节气一样，也有诸多的民间习俗。由于谷雨是一个大范围耕作的时节，所以其习俗大部分与农耕有关，主要有祭海、走谷雨、祭仓颉、摘茶、祭圣母、食香椿、禁蝎、赏花、洗澡等。

◎ 海龙王

　　祭海，在沿海地区有谷雨祭海的习俗，也称"壮行节"，顾名思义即为出海打鱼的渔民壮行。谷雨时节海水回暖，鱼群来到了浅海地带，是"骑着谷雨上网场"的好日子，渔民为了能出海平安满载归来，在谷雨这一天举行海祭。祭祀的对象主要是海龙王、海神娘娘和赶鱼郎大叔。海龙王是海里的大神，能行云布雨，降风息浪；海神娘娘是渔民出海的保护神；赶鱼郎大叔为渔民将鱼赶到网里，是渔民心中的财神。祭祀的时候，渔民准备好猪头（有的是全猪）、鱼、鸡、果品等供品，猪头用猪血涂红，全猪的话全身涂红，但猪头相对颜色更红，寓意今年的海市红红火火，保佑渔民顺利平安。在庙里祭祀完后，渔民们来到海边，将供品摆在沙滩上，祭拜天和海，祈求天神、海神保佑。最后点燃挂在渔船上的鞭炮。有的地方如山东荣成一带还要举行耍狮子、舞长龙、踩高跷、跑旱船等节目，十分隆重。

◎ 后土圣母

　　走谷雨，很简单，就是谷雨这一天全村的青年妇女走村串乡，也有的是到野外走一圈回来，寓意是与自然融合，强身健体。

◎ 海神娘娘

闲游

宋·陆游

过尽僧家到店家，

山形四合路三叉。

清明浆美村村卖，

谷雨茶香院院夸。

果卧蟹窗身化蝶，

醉题素壁字栖鸦。

夕阳不尽青鞋兴，

小立风前鬓脚斜。

祭仓颉，是纪念仓颉的习俗，自汉代以来就有。陕西白水祭祀仓颉的活动最负盛名。每到谷雨，仓颉庙都要举行隆重的庙会，会期长达七至十天，人们采用扭秧歌、跑竹马、耍社火、演大戏、表演武术、敲锣打鼓等形式，表达对仓颉的崇敬和纪念。当地人甚至连祈雨、祈子等活动都与仓颉有关。

摘茶，主要在盛产茶叶的地区举行。据说是喝了谷雨节采的茶可以清火明目和辟邪，所以到了谷雨节不管刮风下雨都要上山采茶。据今天的研究来看，由于谷雨时节温度适中，雨量充沛，茶叶质量上乘，富含各种维生素和氨基酸，所以这时的茶叶喝起来味道清新，香气扑鼻。与清明的明前茶相对应，谷雨时采的茶叫谷雨茶或雨前茶，因清明已采摘一次茶，故又名二春茶。

祭圣母，在农历的三月十六、十八和二十这几天有些地方还举行祭祀圣母的活动。山西翼城是在三月十六举行后土圣母庙大会。陕西绥德是在三月十八这天，青年男女到后土庙祭祀圣母，祈求子嗣。山西永和等地则是在三月二十这天，在圣母庙唱戏打醮，祈保婴孩平安。

食香椿，又叫"吃春"，是全国各地都流行的谷雨习俗。"雨前香椿嫩如丝"，香椿到了谷雨时节味道鲜美，极富营养价值。采摘回来后可炒、可炸、可凉拌，吃了可提高机体抵抗力。

禁蝎，主要流行于山东、陕西和山西一带。山西临汾是将画有张天师的符贴于门上。陕西凤翔还有禁蝎符咒，用木板刻制印刷，上书"谷雨三月中，蝎子逞威风，神鸡叼一嘴，毒虫化为水"等语。有的地方则是画上雄鸡衔虫，爪下还有一只大蝎子，画旁写有咒语。有的还

牡丹图

明·唐寅

谷雨花枝号鼠姑，
戏拈彤管画成图。
平康脂粉知多少，
可有相同颜色无。

送前缑氏韦明府南游

唐·许浑

酒阑横剑歌，日暮望关河。
道直去官早，家贫为客多。
山昏函谷雨，木落洞庭波。
莫尽远游兴，故园荒薜萝。

在谷雨日用朱砂在黄纸上画禁蝎符，贴在墙壁或蝎子洞穴口。这个习俗反映了人们渴求丰收平安的心理，这种符咒也被称作"谷雨贴"。

赏花，又称赏牡丹，因为牡丹花在谷雨时节才开花，故牡丹花又被称为"谷雨花"。这种风气始于唐代，盛于宋代。唐代的赏花中心在长安，唐李肇《国史补》载："长安贵游尚牡丹，三十余年，每春暮，车马若狂，以不就玩为耻。金吾铺围外寺观，种以求利，一本有值数万者。"到了宋代，中心则改为洛阳，洛阳人甚至认为唯有牡丹才可称作花，洛阳的牡丹才是天下第一，无论贵贱都插牡丹。由此衍生出"谷雨赏牡丹"的习俗，山东、河南、四川等地都有"谷雨三朝看牡丹"的习俗，现在洛阳的牡丹花节每年都吸引了大量的游客参观。

洗澡，主要流行在西北地区，古时人们将谷雨的河水称作"桃花水"，用它来洗浴可消灾避祸。故在谷雨这一天要到河里洗浴，并举行射猎、跳舞等活动。

◦ 清·郎世宁《牡丹图》

谷雨农事

　　谷雨时节，是农事生产最繁忙的时节。华南地区的降水量达到30—50毫米，对水稻栽插，玉米、棉花的生长极为有利，不能耽误农时，也要做好防涝；华南外的其他地区的降水量一般不到30毫米，仍要继续防旱，做好春灌工作。华北地区的水稻等作物开始播种，冬小麦要抓紧施孕穗肥。闽南、广西地区则要做好小麦的收割工作。产茶地区做好茶叶的采摘工作。届时，打鱼的打鱼、采桑的采桑、插秧的插秧、摘茶的摘茶……中华大地一片忙忙碌碌，好不热闹。

◎ 元·程棨《蚕织图·采桑》

明·许光祚《兰亭图并书序卷》

释文：

永和九年，岁在癸丑，暮春之初，会于会稽山阴之兰亭，修禊事也。群贤毕至，少长咸集。此地有崇山峻岭，茂林修竹，又有清流激湍，映带左右，引以为流觞曲水，列坐其次。虽无丝竹管弦之盛，一觞一咏，亦足以畅叙幽情。是日也，天朗气清，惠风和畅。仰观宇宙之大，俯察品类之盛，所以游目骋怀，足以极视听之娱，信可乐也。夫人之相与，俯仰一世，或取诸怀抱，悟言一室之内；或因寄所托，放浪形骸之外。虽趣舍万殊，静躁不同，当其

欣于所遇，暂得于己，快然自足，曾不知老之将至。及其所之既惓，情随事迁，感慨系之矣。向之所欣，俛仰之间，以为陈迹，犹不能不以之兴怀。况修短随化，终期于尽！古人云："死生亦大矣。"岂不痛哉！每揽昔人兴感之由，若合一契，未尝不临文嗟悼，不能喻之于怀。固知一死生为虚诞，齐彭殇为妄作。后之视今，亦犹今之视昔。悲夫！故列叙时人，录其所述，虽世殊事异，所以兴怀，其致一也。后之揽者，亦将有感于斯文。

永和九年歲在癸丑暮春之初會
于會稽山陰之蘭亭脩禊事
也羣賢畢至少長咸集此地
有崇山峻領茂林脩竹又有清流
激湍暎帶左右引以為流觴曲水
列坐其次雖無絲竹管弦之
盛一觴一詠亦足以暢叙幽情
是日也天朗氣清惠風和暢仰
觀宇宙之大俯察品類之盛
所以遊目騁懷足以極視聽之
娛信可樂也夫人之相與俯仰
一世或取諸懷抱悟言一室之內
或因寄所託放浪形骸之外雖
趣舍萬殊靜躁不同當其欣
於所遇暫得於己快然自足曾不
知老之將至及其所之既惓情
随事遷感慨係之矣向之

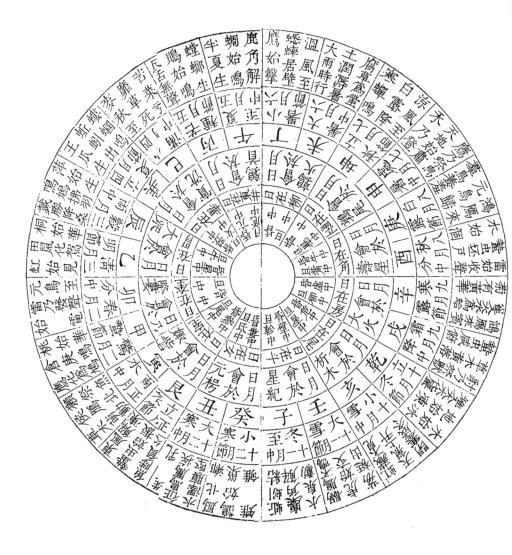

◎ 二十四节气七十二候之图

（清·弘昼、鄂尔泰、张廷玉等《钦定授时通考》）

夏

立夏

斗指巽（东南），太阳黄经为45度，一般5月5日至7日交节，干支历巳月起始。

小满

斗指巳，太阳黄经为60度，一般5月20日至22日交节。

芒种

斗指丙，太阳黄经为75度，一般6月5日至7日交节，干支历午月起始。

夏至

斗指午，太阳黄经为90度，一般6月21日至22日交节。

小暑

斗指丁，太阳黄经为105度，一般7月6日至8日交节，干支历未月起始。

大暑

斗指未，太阳黄经为120度，一般7月22日至24日交节。

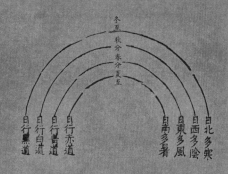

冬夏风雨图
（明·冯应京《月令广义》）

立夏

天地始交万物秀

立夏，标志着北半球正式告别春天，来到了夏天，一般在每年公历的 5 月 5 日至 7 日交节，太阳达到黄经 45 度。此时"斗指东南，维为立夏，万物至此皆长大，故名立夏也"（隋·刘焯《历书》），《月令七十二候集解》称："立夏，四月节。'立'字解见春。夏，假也。物至此时皆假大也。""立"字与立春之"立"意同，"夏"为"假"，"假"释为大，所以夏是大的意思。也就是说，夏天主生长，万物到了这个时候都会长大。

现代气候学认为，每日平均气温稳定上升到 22 摄氏度为夏季。在我国，立夏时只有华南部分地区达到了这个标准，大部分地区的平均气温在 18—20 摄氏度，北方地区才刚进入真正意义上的春季。受季风气候的影响，立夏后正式进入雨季，雨量增多，雨热同期，有利于农作物的生长，当然也有利于杂草的生长，农谚"立夏三天遍地锄""一天不锄草，三天锄不了"，说的就是这个特点。

咏廿四气诗·立夏四月节

唐·元稹

欲知春与夏，仲吕启朱明。
蚯蚓谁教出，王瓜自合生。
帘蚕呈茧样，林鸟哺雏声。
渐觉云峰好，徐徐带雨行。

清·王时敏《杜甫诗意图册》之七

立夏三候

"一候蝼蝈鸣"，蝼蝈开始鸣叫，即夏天到了。蝼蝈有的说是蝼蛄，即一种也叫天蝼的昆虫，与蟋蟀相似；有的说是一种色褐黑的蛙类生物，如郑玄等人认为"蝼蝈，蛙也"。《尔雅·释虫》则将"蝱"解释为"天蝼"，注曰："蝼蛄也。"现代的解释大多以此义为准。

"二候蚯蚓出"，蚯蚓在乡下地方比较多见，又名曲蟮，喜爱潮湿阴暗的环境，到了夏天，土里闷热，就从地里爬出来。

"三候王瓜生"，王瓜又名"土瓜"，"瓜似雹子，熟则色赤，鸦喜食之，故俗名赤雹、老鸦瓜"（明·李时珍《本草纲目》），非黄瓜，是一种药用爬藤植物，立夏的时候攀爬生长，六七月结果。宋代苏颂《本草图经》云："王瓜，生鲁地平泽田野及人家垣墙间，今处处有之。"认为王瓜长在平野、田宅和墙垣等地，果实、种子、根均可入药。

《逸周书·时训解》称："蝼蝈不鸣，水潦淫漫；蚯蚓不出，嬖（bì）夺后；王瓜不生，困于百姓。"古人认为蝼蝈不叫，大水漫溢形成灾害；蚯蚓不出，帝王宠幸之人夺后位；王瓜不生，百姓遭殃。这个解释明显有附会之嫌。

● 王瓜

初夏戏题

唐·徐夤

长养薰风拂晓吹，
渐开荷芰落蔷薇。
青虫也学庄周梦，
化作南园蛱蝶飞。

立夏民俗

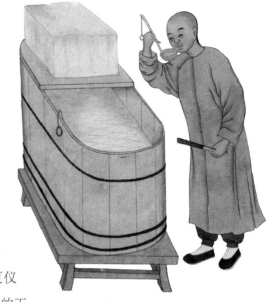

△ 迎夏尝冰

　　今人把立夏只当作一个节气来对待，古代则不同，立夏日同时也是一个节日，称为"立夏节"，人们对其相当重视。据史料记载，在周朝时，每逢立夏日，天子要亲率大臣去京城南郊举行迎夏仪式。君臣一概身穿朱色礼服，佩戴的玉佩、马匹、车旗都是朱色，以表达对丰收的美好希冀。礼毕，天子还要令主管田野山林的官吏代表天子巡视地方，勉励百姓抓紧耕作。在宫廷里，还要举行赐冰仪式，"立夏日启冰，赐文武大臣"（明·刘侗《帝京景物略》），即将上一年冬天贮藏的冰拿出来赐给文武大臣。

　　在今天，立夏虽然没有像在古代那样被重视，但很多风俗依然保存了下来，主要有尝新、斗蛋、防疰（zhù）夏、秤人、买红花、五郎八保上吴山、吃鲥（shí）鱼、吃补食、烧野米饭、吃立夏饭、醉夏、吃健脚笋、吃蚕花蛋、三烧五腊九时新等，这些习俗大部分与吃有关。

　　尝新，是立夏的传统风俗。立夏时节，大自然会馈赠我们各种各样的新鲜吃食，如刚灌浆的小麦、可赏可食的槐花、熟了的樱桃等。如苏州就有"立夏见三新"的习俗，三新为樱桃、青梅、麦子，先祭祖，给祖先尝新，然后再自己吃。江苏常熟有"九荤十三素"之说，"九荤"指鲥鱼、鲚（jì）鱼、咸蛋、螺蛳、鸭、腌笃鲜、虾、猪肉和鲳鳊鱼。"十三素"指樱桃、梅子、麦蚕（新面粉揉成细条煮熟）、笋、蚕豆、茅针、豌豆、黄瓜、莴苣、草头（南苜蓿）、萝卜、玫瑰、松花。在南通，则吃煮熟的鸡蛋或鸭蛋。

　　斗蛋是一种游戏，立夏这天中午，父母将煮好的鸡蛋用丝网袋装好挂在

孩子的脖颈上，让孩子们去进行斗蛋游戏。这些煮熟的蛋必须是完整的，不能破损。蛋圆的一端是蛋头，尖的一端是蛋尾。斗蛋的时候，蛋头斗蛋头，蛋尾斗蛋尾，与其他小朋友的蛋一路斗过去，鸡蛋破损了的为输的一方，最后没坏的为胜者。蛋头胜者为第一，蛋为大王；蛋尾胜者为第二，蛋为小王或二王。斗破了的鸡蛋就可以名正言顺地吃到肚子里，大家都很高兴。小孩子们为了赢得比赛，往往还在蛋上画上各种动物图案，为自己的蛋增加战斗力。这种民俗在江浙一带比较流行，父母希望通过这种方式使孩子们平安度夏。

防疰夏，疰夏指的是夏季常见的腹胀厌食、四肢乏力、身体疲劳消瘦现象，尤以小孩子容易得疰夏。上面所说的斗蛋就是人们为了防疰夏而创造的一种活动，故有"立夏胸挂蛋，孩子不疰夏"的说法。古人认为鸡蛋象征生活的圆满，立夏日吃鸡蛋能庇佑夏季平安，防止疰夏。南方很多地区在这一天都要吃鸡蛋、全笋和带壳豌豆，认为立夏吃蛋可以使心气精神不受亏损，吃全笋可以使人的双腿像笋子一样健壮有力，吃带壳豌豆则使人的眼睛明亮。有些地方的老百姓在插秧完毕后，杀鸡宰鸭滋补身体，也给耕牛吃马蹄香等以健筋壮骨，为下一阶段的农耕生产做准备。在温州，家家户户要吃笋和淮豆子（即蚕豆，因其种来自两淮，故称淮豆子）及青梅子。在乐清，家家老幼吃茶叶蛋、青梅、鲜笋、鲜蚕豆，认为可防疰夏病。

秤人，主要流行于南方。"立夏秤人轻重数，秤悬梁上笑喧闺"，说的就是这个习俗。到了立夏日中午，吃完午饭，人们在村口或者门里挂起一杆大秤，秤钩上悬一木

幽居初夏

宋·陆游

湖山胜处放翁家，
槐柳阴中野径斜。
水满有时观下鹭，
草深无处不鸣蛙。
箨龙已过头番笋，
木笔犹开第一花。
叹息老来交旧尽，
睡余谁共午瓯茶。

立夏前一日有赋

明·杨基

渐老绿阴天，
无家怯杜鹃。
东风有今夜，
芳草又明年。
蚕熟新丝后，
茶香煮酒前。
都将南浦恨，
聊寄北窗眠。

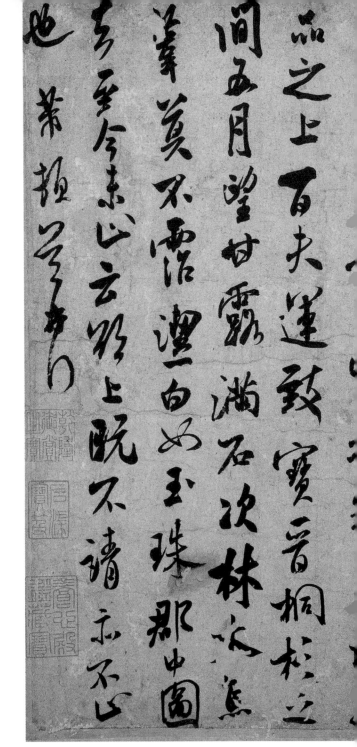

◉ 宋·米芾《甘露帖》

此帖为米芾介绍其居所宝晋斋的地理位置与建筑布局的书札。

释文：

芾顿首再启：弊居在丹徒行衙之西，修闲堂、漾月、佳丽亭在其后，临运河之阔水。东则月台，西乃西山，故宝晋斋之西为致爽轩。环居桐、柳、椿、杉百十本，以药植之。今十年，皆垂荫一亩，真一亩之居也。四月末，上皇山樵人以异石告，遽视之。八十一穴，大如碗，小容指，制在淮山一品之上。百夫运致宝晋桐、杉之间。五月望，甘露满石次，林木焦苇莫不沾，洁白如玉珠。郡中图去，至今未止。云欲上，既不请，亦不止也。芾顿首再拜。

榮頓首告居契居在丹徒

行術之國儉閑堂瀁月佳處

跸在其後略運河之閘水東

則月臺西乃西山坡寶云一衡

之西爲致爽軒環居桐柳楮

松百十本以菜檻之今十年皆

垂蔭一郎真一部之居也四月末

凳，大家轮流坐在凳子上称重。根据年龄的不同，称秤人讲着不同的吉利话，讨一个好彩头。称老人要说"秤花八十七，活到九十一"，称姑娘说"一百零五斤，员外人家找上门。勿肯勿肯偏勿肯，状元公子有缘分"，称小孩则说"秤花一打二十三，小官人长大会出山。七品县官勿犯难，三公九卿也好攀"。打秤花的时候只能从小数打到大数，意思要不断长胖。这个风俗据说与三国蜀后主刘禅有关。一种说法是，孟获在刘禅被晋武帝俘获后，担心其受到亏待，每次去看望刘禅都要给刘禅称重，并威胁说，如果刘禅的重量减轻，就要起兵造反。因此，晋武帝就在立夏这天，用糯米加豌豆煮饭给刘禅吃，刘禅每次都多吃几碗。当孟获来称重的时候，每次的重量都没减轻。刘禅被俘后的日子过得倒是清净安乐，确实是乐不思蜀，最后也算是福寿双全。这一传说是老百姓希望"清净安乐，福寿双全"的体现。另一种说法是，刘备死后，刘禅被送往其继母孙夫人处抚养，那天正好立夏，孙夫人当着赵子龙的面给刘禅称重，来年立夏再称一次，看体重是否增加，并向诸葛亮汇报，由此成了立夏一个风俗。这个传说可靠与否，其实不是很重要，它寄托的是人们美好的愿望：称重之后，就不怕夏季消瘦，没有疾病缠身，可以无灾无病，平安如意。

买红花，主要流行于浙南等地。红花是染衣用的原料，产于四月。每到立夏日，纺织人家都会购买红花，以备一年之用。有说法认为"买红花"不仅只是买红花，还买茶叶、柴米油盐等生活用品。因为那时刚种上新谷，正是青黄不接的时候，必须准备生活用品，不然后面物价上涨会影响日常生活。"立夏晴和四月天，与郎商酌岁支钱。红花盐菜俱难缓，更买新茶过一年"，这首不知名的诗说的就是这种情况。

五郎八保上吴山，也是江浙一带的风俗，指各行各业的手工业者这一天集体休假，去吴山游玩。五郎，即舂米郎、剃头郎、倒马郎（出粪者）、皮匠郎、打箔郎。八保，即酒保、面保、茶保、饭保、地保、马保、相相保（阴阳生）、奶保（以育婴为业者）。除此之外，还有十三匠上吴山。十三匠，即木匠、泥水匠、石匠、铁匠、船匠、佛匠、雕花匠、搭彩匠、银匠、铜匠、锯

◎ 党参　　　　　　◎ 黄芪　　　　　　◎ 当归　　　　　　◎ 牛膝

匠、篾匠、窑匠。

　　吃鲥鱼、吃补食、烧野米饭、吃立夏饭、醉夏、吃健脚笋、三烧五腊九时新等风俗都是不同的地方在立夏日进补。吃鲥鱼是温州人的风俗。吃补食是建德地方的风俗，有的吃红枣鸡蛋和黄芪炖鸡，也有的吃红枣、黑枣、胡桃、桂圆、荔枝组成的"五虎"，还有吃"三两半"的，即党参、黄芪、当归各一两，牛膝半两。烧野米饭主要是嘉兴、湖州和德清等地的风俗，这一天，小孩子到野外去野炊，他们认为吃完可以变得身强体壮，大人则在家喝立夏酒。吃立夏饭则各地比较普遍，但吃的东西各有不同，有的地方吃由赤豆、黄豆、黑豆、青豆、绿豆等五色豆拌合白粳米煮成的"五色饭"；长沙人吃糯米粉拌鼠曲草做成的汤丸，取名"立夏羹"，并有"吃了立夏羹，麻石踩成坑"的谚语；在丽水，是以笋、豌豆和糯米煮成饭。人们不管吃什么，都有一个相同的愿望，那就是希望身体健康。醉夏是台州的风俗，这天不会吃酒的人也多少喝一点白药酒（甜酒酿），尽醉才歇，所以称"醉夏"。吃健脚笋，流行于湖州一带，人们于立夏这天去山上挖几根竹笋，带壳放在炭火中煨后剥去笋壳，蘸些调味的作料吃。三烧五腊九时新，是杭州等地的风俗，"三烧"即烧夏饼、烧鸡、烧酒，"五腊"即黄鱼、盐鸭蛋、海蛳螺、腊肉、清明狗，"九时新"即樱桃、梅子、鲥鱼、蚕豆、苋菜、竹笋、玫瑰花、乌饭糕、莴苣。

立夏农事

　　立夏时节，夏收作物如小麦、油菜等进入生长后期。此时温度变化还是很大，尤其会出现冰雹天气，主要应做好防冰雹灾害工作。春播作物也处于紧张的管理阶段，"多插立夏秧，谷子收满仓"，早稻的插秧正如火如荼。其他作物的管理也很重要，江南地区在立夏后，正式进入"黄梅时节家家雨，青草池塘处处蛙"的梅雨季，降水量明显增多，中稻的播种也开始了，农田管理主要是防涝，防治各种因雨水过多而引起的虫灾。

　　产茶地区这时的茶叶生长最快，茶叶很容易老化，如果不赶紧采摘新茶，会导致后续的产茶量降低，所以有"谷雨很少摘，立夏摘不辍"的民谚。

　　我国华北、西北地区由于纬度和地势的影响，气温回升很快，但降水量不足，小麦的灌浆以及棉花、玉米、高粱等作物的生长需要足够的雨水，故要做好抗旱工作，防止作物减产。

元·程棨《耕作图·插秧》

五行分王四时图
（清·李光地等《月令辑要》）

一般在每年公历的 5 月 20 日至 22 日之间，太阳达到黄经 60 度，迎来了夏季的第二个节气小满。

小满，"满"有二义：一是指饱满、盈满，即夏熟作物灌浆饱满，但还没大满、成熟，如《月令七十二候集解》称"四月中，小满者，物至于此小得盈满"；二是与雨水相关，用来形容雨水的盈缺，农谚"小满不满，干断田坎""小满大满江河满"等就说明了小满雨水的重要性。对于北方来说，如果小满雨水不足，会影响小麦灌浆，导致减产，故有"小满不满，麦有一险"之说；对于南方而言，如果降雨量不够，江河不满则会导致干旱，影响生产，农谚"小满不下，犁耙高挂"指的就是这个问题。一般而言，小满时节，雨水开始增多，会出现大范围的强降水。

这时候全国的气温除了东北的黑龙江、吉林之外，大部分地区达到了 22 摄氏度以上，有的还会出现极端高温天气，真正意义上的夏天就此开始。气温高、湿度大是这个时节的典型特点。

江河易满丰收景

小满

咏廿四气诗·小满四月中

唐·元稹

小满气全时，如何靡草衰。
田家私黍稷，方伯问蚕丝。
杏麦修镰铚，锄耰竖棘篱。
向来看苦菜，独秀也何为？

清·王时敏《杜甫诗意图册》之二

小满三候

"一候苦菜秀", "秀"是繁茂的意思, 到了小满, 正是苦菜生长最茂盛的时候, 《周书》有"小满之日苦菜秀"之说。苦菜到底指的是哪种植物, 一直没有定论, 有的说是天香菜, 有的说是蒲公英, 等等。史书和中医典籍里说的苦菜基本都指天香菜。从广义来说, 凡是有苦味的野菜都称之为苦菜, 如枸杞苗、蒲公英等。在古代, 粮食不足, 苦菜有时能解决人们粮食短缺的问题, 从"春风吹, 苦菜长, 荒滩野地是粮仓"的俗语就可见一斑。首阳山上的伯夷、叔齐也是靠吃苦菜为生。对于今人来说, 苦菜则成了尝新菜和养生菜。

"二候靡草死", 东汉经学家郑玄认为靡草是"草之枝叶而靡细者""凡物感阳而生者则强而立, 感阴而生者则柔而靡, 谓之靡草, 则至阴之所生也, 故不胜至阳而死"(《礼记注》)。这一候说的是喜阴的枝条细软草类在阳光照射下失去阴气的庇佑而枯死。这种草春天的时候长得漫山遍野, 到了小满就成枯黄的干草了。《礼记·月令》称"孟夏之月……靡草死, 麦秋至", 孔颖达疏: "葶苈(tínglì)之属, 以其枝叶靡细, 故云靡草。"人常说"草木一秋", 而靡草则只能活一季, 衬托完春天的百花就随风而逝。古人常借其感慨生命的短暂和卑微: "靡草似客心, 年年亦先死。无由伴花落, 暂得因风起。"(唐·雍陶《伤靡草》)

"三候麦秋至", 到了小满的最后一候, 小麦开始成

❁ 葶苈

遣兴

宋·王之道

步屦随儿辈,
临池得凭栏。
久阴东虹断,
小满北风寒。
点水荷三叠,
依墙竹数竿。
乍晴何所喜,
云际远山攒。

四月

明·文彭

我爱江南小满天，
鲥鱼初上带冰鲜。
一声戴胜蚕眠后，
插遍新秧绿满田。

❀ 苦菜

晨征

宋·巩丰

静观群动亦劳哉，
岂独吾为旅食催。
鸡唱未圆天已晓，
蛙鸣初散雨还来。
清和入序殊无暑，
小满先时政有雷。
酒贱茶饶新而熟，
不妨乘兴且徘徊。

熟，"秋"在这里是成熟的意思。"麦秋至"原为"小暑至"，后来《月令》改为"麦秋至"："麦秋至，在四月；小暑至，在五月。小满为四月之中气，故易之……秋者，百谷成熟之时，此于时虽夏，于麦则秋，故云'麦秋'也。"在古代，小麦成熟时候的"尝新麦"是一个极有意义的时刻，能体会到耕耘之后收获的喜悦。

在古人眼里，"苦菜不秀，贤人潜伏。靡草不死，国纵盗贼。小暑不至，是谓阴慝"（《逸周书·时训解》）。苦菜不繁茂，贤人隐居不出；靡草不死，国家将有盗贼；麦子没有成熟，阴气太凶戾。

小满民俗

小满时节是农事繁忙的时候，其节气习俗也大多与农事相关。主要有祭车神、祭蚕、动三车、看麦梢黄、抢水、卖新丝等。

祭车神，是一些农村地区的习俗，所祭祀的车神是水车神。相传水车神是白龙，到了小满这天，农人在水车上放置鱼肉、香烛等物品，然后祭拜。在这些祭品中有一样特殊的祭品，就是一杯白水，祭拜时将白水泼入田中，祝愿农田水源涌旺，体现了古代劳动人民对水利排灌的重视。

祭蚕，是江浙一带养蚕地区的习俗。相传小满是蚕神的诞辰，蚕是很娇气的动物，桑叶的干湿、气温的高低都会影响它们。古代把蚕叫作天物，为了蚕茧收成好，人们在很多地方都建了蚕娘庙或蚕神庙，并在小满时节举行祈蚕节。有些地方的祈蚕节没有固定的日期，一般前后相差两三天，根据各家放蚕时间而定。祈蚕的时候，人们来到蚕神庙，摆上水果、美酒和丰盛的菜肴等祭品，然后进行祭拜，并将用面制成的"面茧"放在稻草扎成的山上，象征蚕茧丰收。不同地方的祭祀仪式可能略有不同，如有的地方会邀请戏班到"先蚕祠"唱戏。

小满动三车，也是江南地区的一种民俗。"三车"指的是水车、油车和丝车，故有"小满动三车，忙得不知他"的农谚。动水车是因为小满是农作物最需要水分的时候，古代的水利设施不如今天发达，要想及时把低处的水灌到高处的水田当中，就要用到水车。动油车是指用油车压榨菜籽油，小满时节也是油菜成熟的季节，这个时候需要动用油车将油菜籽榨成油，或自用，或出售。动丝车是要动用丝车缫丝。这个时候的蚕茧已经结好，蚕妇准备煮茧，整修丝车，并开始缫丝。

看麦梢黄，是关中地区的一个习俗。古代妇女出嫁后若无大事很少回娘家，于是在一些节日或节气里形成了一些回娘家的习俗。小满节气的回娘家

　　叫作"看麦梢黄"，即出嫁的女儿带上黄杏、油糕等各式礼品和丈夫一起回娘家探望，问候夏收情况。有的地方还把它定为一个节日，叫"看忙罢"。农谚"麦梢黄，女看娘；卸了杠枷，娘看冤家"，前半句说的就是看麦梢黄，后半句是说麦收工作完成后，母亲再探望女儿，关心女儿的收成及操劳情况。

　　抢水，是浙江海宁一带的农事习俗。以村为单位，由年长执事之人约定好日期和人员，到了约定的这天，黎明时分，燃起火把，在水车基上吃麦糕、麦饼、麦团。吃完后，执事之人鸣锣为号，其他人则击器相和，踏上准备好的水车，数十架水车一齐踩动，将水灌入田中，直至河水引干方止。这有点类似于演习，预示着水车即将开动。

　　卖新丝，是过去江南各地的一种活动，小满时节蚕丝制作完成，各家各户将其背到城里卖给收蚕丝的客商，一般从农历四月开始。

平畴...
添儔千金後呈堂
紅亞□□天擢捲卷
懷他年
　　鏡江蔡奕

岁有乾坤八水雲浮波
餘話各茫群茅亦盡
搴秀山小且玩名同敬衣
又
長夏千米董北齋圖、
桃塢偏沙澤君八不後
秦八面白宅長孤前
水西
　　寧原吕頡

○ 宋·赵令穰《湖庄清夏图》

小满农事

　　小满时节是夏收作物成熟、春播作物生长旺盛的时期，这个时候的农事正式进入夏收、夏种和夏管阶段。

　　夏收，主要是收蚕茧、收油菜籽和收羊绒等。这才有了前面所言及的"动三车"，《清嘉录》中记载的"小满乍来，蚕妇煮茧，治车缫丝，昼夜操作"，描述的便是这个时候蚕妇收蚕茧时的忙碌景象。这时，刚收获的油菜籽要及时榨成油，西北高原的羊绒也要抓紧采绒。

小满日口号

明·李昌祺

久晴泥路足风沙，
杏子生仁楝谢花。
长是江南逢此日，
满林烟雨熟枇杷。

◎ 清·陈枚《耕织图册·择茧》

夏种，种的是秋收作物，如中稻、玉米，要及时下种，不能误了农时。

夏管，因南北方地理位置和气候环境不同而有差异。北方黄河流域的麦子即将成熟，最忌高温干旱天气，防止"干热风"对小麦的影响，是这个时候的重要工作。故有"麦怕四月（指农历）风，风后一场空"的说法，所以要采取有针对性的措施减轻其对小麦的危害。北方的果树进入第一次果实膨大期，需要大量水分供给，故要做好补水防旱工作。南方主要做好蓄水工作，满足早稻生长和中稻栽培所需的水分。

自桃川至辰州
绝句四十有二
宋·赵蕃
一春多雨慧当悭，
今岁还防似去年。
玉历检来知小满，
又愁阴久碍蚕眠。

◎ 明·仇英《蕉阴结夏图》

一般在每年的公历6月5日至7日，太阳达到黄经75度，芒种如约而至，开始进入仲夏。受海洋暖湿气流的影响，此时气温显著升高，雨量充沛。华南进入一年中降水量最多的时节；江南先后进入梅雨季节，雨天多且雨量大，日照少；西南也进入雨季，冰雹天气开始增多；北方的黄淮平原也即将进入雨季。全国各地气温普遍升高，部分地区会出现35摄氏度以上的高温天气，真正进入夏季。因为这段时间气温高、雨水足，正是农作物耕种的大好时机，也是冬春作物的收获季节，是农人最繁忙的时节："芒种忙，麦上场，起五更来打老响。抢收抢运抢脱粒，晒干扬净快入仓……"所以又称为"忙种"。

"芒种"最早见于《周礼·地官司徒·稻人》："泽草所生，种之芒种。"郑玄注曰："泽草之所生，其地可种芒种。芒种，稻麦也。""芒"指有芒的作物，如麦、稻。《月令七十二候集解》称："五月节，谓有芒之种谷可稼种矣。"故"芒种"可理解为有有芒的麦子和稻子可种。

芒种是种植农作物的分界点，过了这个节气再种植，农作物的收成将受到影响，农谚"芒种栽薯重十斤，夏至栽薯光长根"，以及马永卿《懒真子》"芒种五月节者，谓麦至是而始可收，稻过是而不可种"，都说明了该节气在农耕生产中的重要性。

月初弦
（明·程大约《程氏墨苑》）

芒种

四野插秧刈麦忙

咏廿四气诗·芒种五月节

唐·元稹

芒种看今日，螳螂应节生。

彤云高下影，鸠鸟往来声。

渌沼莲花放，炎风暑雨情。

相逢问蚕麦，幸得称人情。

芒种三候

"一候螳螂生"，螳螂于上一年深秋产卵，到芒种时节，感受到阴气初生则破壳而出。《月令七十二候集解》云："螳螂，草虫也，饮风食露，感一阴之气而生。"又曰："能捕蝉而食，故又名杀虫。曰天马言其飞捷如马也，曰斧虫以前二足如斧也，尚名不一，各随其地而称之。深秋生子于林木闲，一壳百子，至此时，则破壳而出，药中桑螵蛸（piāoxiāo）是也。"法国昆虫学家法布尔在《昆虫记》写道："螳螂天生就有着一副娴美而且优雅的身材。不仅如此，它还拥有另外一种独特的东西，那便是生长在它前足上的那对极具杀伤力，并且极富进攻性的冲杀、防御的武器。而它的这种身材和它这对武器之间的差异，简直是太大了，太明显了，真让人难以相信，它是一种温存与残忍并存的小动物。"中药中的"桑螵蛸"，主要是指螳螂科中大刀螂、小刀螂和巨斧螳螂的干燥卵鞘。

"二候鵙（jú）始鸣"，鵙是指伯劳鸟，是一种小型猛禽，背灰褐色，嘴与鹰嘴相似，脚强健，趾有利钩，性凶猛，嗜吃小型兽类、鸟类、蜥蜴等，是一种益鸟。到了芒种二候，喜阴的伯劳鸟开始在枝头出现，并且感阴而鸣。伯劳在古书中又称"博劳"，声音十分刺耳聒噪，不受人欢迎，朱熹说它是"恶声之鸟"，曹植在《贪恶鸟论》中说它不受欢迎的原因是"言所鸣之家，必有尸也"，这对伯劳来说未免冤枉。伯劳名字的由来有一个传

约客

宋·赵师秀

黄梅时节家家雨，
青草池塘处处蛙。
有约不来过夜半，
闲敲棋子落灯花。

◎ 桑螵蛸

说，相传周宣王时代的尹吉甫听信继室
谗言，误杀前妻留下的爱子伯奇，伯奇
的弟弟伯封作诗哀悼，尹吉甫听后十分后悔。
一日在郊外见到一只没有见过的鸟，听其叫
声凄惨，尹吉甫忽然心动，认为是儿子的灵魂
所化，于是对鸟说："伯奇劳乎？是
吾子，栖吾舆；非吾子，飞
勿居。"（宋·李昉《太平御
览·羽族部》）这只鸟就真
的跟他回家了，于是"伯奇
劳乎"一句成为伯劳鸟名字的出
处。成语"劳燕分飞"也与伯劳鸟有
关："东飞伯劳西飞燕，黄姑织女时相见。"（《乐府诗集·东飞伯劳歌》）据说
伯劳鸟爱往东飞，燕子爱向西行，两种鸟注定无法同行，所以古人以之比喻
"离散"。

"三候反舌无声"，反舌是一种能够学习其他鸟鸣叫的鸟，此时它因感应
到了阴气的出现而停止了鸣叫。孔颖达说："反舌鸟，春始鸣，至五月稍止，
其声数转，故名反舌。"有人认为反舌鸟就是乌鸫，乌鸫能"反复百鸟之音"，
最擅长模仿其他鸟叫，从画眉、黄鹂、柳莺到小鸡的叫声都能学，给人的感
觉就是浑身是舌，故又称为百舌。南朝沈约曾写有《反舌鸟赋》："有反舌之
微禽，亦班名於（wū）庶鸟。乏嘉容之可玩，因繁声以自表。"反舌鸟的这种
特性很受人们喜爱，并经常出现在诗人的诗里，宋代文同专门写了一首《百
舌鸟》，其中一句十分传神："就中百舌最无谓，满口学尽群鸟声。"

《逸周书·时训解》云："螳螂不生，是谓阴息；鵙不始鸣，令奸壅逼；
反舌有声，佞人在侧。"说的是螳螂不出现，是因为阴气不生，螳螂感应不
到；伯劳鸟不叫，使得奸人作祟，堵塞言论；反舌鸟发声，佞人在君主身边，
使得正人君子不再发言。

醉金衣春

縷重紫浴絳河玉鑑和鳴鸑

對舞寶枝連理錦成蕚東

君造化勝前歲吟繞清香故

琢磨

宋·赵佶《牡丹诗帖》

牡丹一本同榦二花其紅深
淺不同名品寔兩種也一曰
疊羅紅一曰勝雲紅艷麗尊
榮皆冠一時之妙造化密移
如此襃貴之餘因成口占

芒种民俗

　　芒种是农忙时节，人们的空余时间少，故有"芒种忙种，碰到亲家不说话"的谚语，相对其他节气而言，其民俗活动并不多，但也有一些与这个时令或农耕相关的民俗。主要有嫁树、送花神、煮梅、安苗求丰收和打泥巴仗等。

　　嫁树，即果树嫁接，是河北盐山等地的习俗，果农在芒种日将不同的果树进行嫁接，实现不同果实在形状和味道上面的优化，提高果实的质量。也有的只是用刀在果树上简单划几道口子，希望多结果实，既有寓意又有实际作用，果树被划破之后能吸收外面的空气，有利于果实增产。

　　送花神，是古代比较隆重的一个习俗，现在已不多见。古人认为农历二月初二是花朝节，要迎接花神；到了芒种时节，春天已过，大部分花卉都已凋落，意味着花神退位，为了表示对花神的感谢，也希望花神来年可以如期而至，就在芒种日备好各种供品，焚香祭祀，饯送花神。这一天的女孩子都把自己打扮得漂漂亮亮，在树上和花上系上彩线，为花神准备好用花瓣、柳枝编成的轿马和用绞锦、纱罗叠成的干旄（máo）、旌（jīng）幢，恭送花神。

　　煮梅，是将这个时候的梅子进行加工。据说这个习俗在夏朝时候就有了，梅子味道酸涩，不经过处理很难入口。为了让梅子容易入口，就有了煮梅这种加工方式。具体方法主要是将糖和晒干的青梅进行搅拌，或用糖和梅子一起煮，浸出梅子的汁液，然后晒干；也有用盐和梅子一起煮或晒的。不同地方稍有不同，讲究的地方还会在煮的时候加入紫苏。北方更多的是将乌梅和甘草、山楂、冰糖一起煮，做成有名的解暑饮料——酸梅汤。

　　安苗求丰收，又称"安苗"，是安徽绩溪等地的一种农事习俗。有人认为"安苗"起源于唐末宋初，也有人认为起源于明朝，到清代逐渐兴盛。"安苗"的时间不固定，一般根据每个村插秧的实际情况而定。这个习俗是农民在芒种时节种完水稻后，为了祈求一个好的收成而举行的祭祀活动，所以要等村子里最后一户的秧苗插完之后再举行。先由村里德高望重的长辈选择吉日，族长出示"安苗帖"，告示"安苗"日期，各家各户用新麦做成各种各样的五谷六畜，用蔬菜的汁液将其染色，作为祭祀供品，祈求五谷丰登、村民平安。

打泥巴仗，是黔东南一带侗族的习俗，一般在分栽秧苗的芒种前后进行。侗族姑娘结婚后，一般不住在夫家，只有在农忙和节日期间才来夫家小住几天。芒种时节，夫家定好插秧日期，新郎邀好青年伙伴来帮忙，由新郎的姐妹去迎接新娘，新娘也带好自己同伴在插秧的前一天来到夫家，同时带好一担五色糯米和一百个煮熟的红鸡蛋。到了第二天，新婚夫妻和同伴一起到田间插秧，并展开竞赛，看谁插秧插得快。插完秧后，泥巴仗正式开始，小伙子故意往姑娘们身上扔泥巴，姑娘们则进行还击，还互相抓住对方在田里翻滚，使其身上沾满泥巴。谁身上的泥巴最多，则说明谁是最受欢迎的人。打完泥巴仗后，还有一场水仗要继续。满身泥巴的青年男女来到河边，边清洗身上的泥巴，边打水仗，度过既开心又热闹的一天，最后大家一起开心地回家。节日过后，夫家则回赠更多的五色糯米和红鸭蛋给新娘。

观刈麦

唐·白居易

田家少闲月，五月人倍忙，夜来南风起，小麦覆陇黄。

妇姑荷箪食，童稚携壶浆，相随饷田去，丁壮在南冈。

足蒸暑土气，背灼炎天光，力尽不知热，但惜夏日长。

复有贫妇人，抱子在其傍，右手秉遗穗，左臂悬敝筐。

听其相顾言，闻者为悲伤，家田输税尽，拾此充饥肠。

今我何功德，曾不事农桑，吏禄三百石，岁晏有余粮。

念此私自愧，尽日不能忘。

栽茶圖

揀茶圖

桃茶圖

落船圖

清·佚名《茶景全图》（选图）

芒种农事

○ 赤小豆

前面曾说小满正式进入夏收、夏种、夏管的"三夏"时节，到了芒种，各地则都进入"三夏"的大忙季节。正所谓："芒种夏至麦类黄，快打快收快入仓；夏播作物抓紧种，田间管理要跟上；江南梅雨季节到，暴雨冰雹要预防。"

忙夏收。芒种时节雨水多，日照少，而这时小麦已成熟，如果不抓紧时机收割，麦子就会倒伏、落粒、发芽、烂麦场，使一年辛苦成为一场空。所以，只要有晴朗天气就要做好麦子的抢割、抢脱粒工作。农谚"收麦如救火，龙口把粮夺"，是夏收最形象的说明。其他成熟的农作物如蚕豆、豌豆等，也同样要做好收割，力争颗粒归仓。产茶地区夏季茶叶的采摘和制作已经开始，这个时候气温高，茶叶容易老，如不及时采摘，将影响茶叶的质量和产量。

○ 粳米

忙夏种。各地气候不同，夏种的东西也不一样，长江流域主要是忙栽秧，故有"栽秧割麦两头忙"的说法；山西等地则是"芒种糜子急种谷"，糜子和谷子都忙着种。夏大豆、夏玉米等作物的种植也在紧张进行，充分体现了"夏争时"的时令特点。

忙夏管。这段时间的天气因素决定了夏管的重要性，棉花、玉米等作物进入需水需肥的高峰期，水肥管理十分重要，同时还要加强除草和病虫害防治。否则就会使春种庄稼减产甚至绝收。

"麦黄农忙，秀女出房"，"忙"是这个节气最大的特点。人人都要下地参与劳作，"麦收无大小，一人一镰刀"，能用上的都要用上，"机、畜、人，齐上阵，割运打轧快入囤"。

○ 大豆

一般在每年公历6月21日至22日，太阳运行到黄经90度，是为夏至。这一天太阳直射北回归线，北半球白天最长，越往北白昼越长。

《恪遵宪度抄本》释"夏至"："日长之至，日影短至，故曰夏至。至者，极也。"《月令七十二候集解》："五月中，夏，假也；至，极也。万物于此，皆假大而至极也。"南朝梁崔灵恩《三礼义宗》解释"至"称："一以明阳气之至极，二以明阴气之始至，三以明日行之北至。"

夏至是太阳的转折点，从此以后，太阳的直射点将逐渐南移，北半球日照时间逐渐减少，故有"吃过夏至面，一天短一线"的说法。此时也是对流天气最强的时候，长江中下游、江淮流域会频繁出现暴雨天气，洪涝灾害易发，但这种暴雨来去很快，正如唐刘禹锡《竹枝词》云"东边日出西边雨，道是无晴却有晴"。

夏至后气温升高，但不是气温最高的时候，谚云"夏至不过不热"即如此。以"夏九九"来说，夏至是起点，《夏九九歌》云："夏至入头九，羽扇握在手；二九一十八，脱冠着罗纱；三九二十七，出门汗欲滴；四九三十六，卷席露天宿；五九四十五，炎秋似老虎；六九五十四，乘凉进庙祠；七九六十三，床头摸被单；八九七十二，子夜寻棉被；九九八十一，开柜拿棉衣。"其中三九、四九是全年最炎热的时候。

月令主属全名图
（清·李光地等《月令辑要》）

夏至

天时渐短一阴生

咏廿四气诗·夏至五月中

唐·元稹

处处闻蝉响，须知五月中。
龙潜渌水穴，火助太阳宫。
过雨频飞电，行云屡带虹。
蕤宾移去后，二气各西东。

夏至三候

"一候鹿角解"，在夏至第一个五天的时候，鹿角开始脱落。古人认为麋与鹿虽为同科，但属性不同，"鹿属阳兽，夏至一阴生，感阴气而鹿角退落也"。

"二候蜩（tiáo）始鸣"，"蜩即是蝉，俗称知了。此物生于盛阳，感阴而鸣"，是说到了夏至的第二个五天，知了感受到了阴气开始鼓腹而鸣。

"三候半夏生"，指到了夏至最后一个五天，半夏开始萌发。半夏又名地文、守田等，是一种喜阴的药草，长出之时，正值夏天过一半，因而得名。

《逸周书·时训解》称："鹿角不解，兵革不息；蜩不鸣，贵臣放逸；半夏不生，民多厉疾。"意思是鹿角不脱落，战祸不会停息；蝉不鸣叫，贵族重臣会放荡淫佚；半夏不长出，老百姓会得传染病。这是将自然现象的反常与兵革、贵族放荡、百姓得传染病联系在一起，有一定的警示作用。

◎ 茸鹿

夏至

宋·范成大

李核垂腰祝饐，
粽丝系臂扶羸。
节物竞随乡俗，
老翁闲伴儿嬉。

夏至民俗

古人又将夏至称为"夏节"和"夏至节",并从周代开始就有拜神祭祖的习俗,以此祈求灾消年丰。《周礼·春官·家宗人》:"以夏日至,致地示物鬽(同'魅')。""地示"即地神,"物鬽"即百物之神。《周礼》规定在夏至祭祀地神,主要因为夏至过后阴气逐步上升,而地神属阴,所以选在这天祭祀。《史记·封禅书》:"夏日至,祭地祇。皆用乐舞。"宋朝的夏至日给百官放假三天。《辽志》中记:"夏至日,妇人进扇及脂粉囊,谓之'朝节'。"夏至送扇子有赠人以清凉之意;夏天也是多蚊虫的季节,佩戴香囊可以驱虫。《清嘉录》记载:"夏至日为交时,日头时、二时、末时,谓之'三时',居人慎起居、禁诅咒、戒剃头,多所忌讳。"可见古人对该节日的重视。

夏至是收获的时候,在庆祝丰收的同时还要祭祀祖先,感谢天赐,并祈求"秋报"。夏至日除了朝廷要举行祭祀仪式等活动外,民间也要举办相关的活动。夏至的民俗主要有祭祖祭神、嬉夏和吃夏至食物等。

祭祖祭神,是南方流传的习俗,江苏苏州、无锡、常州等地用新收的米麦粥祭祖,让祖先尝新;浙江绍兴等地则将新麦做成面食祭祖,东阳等地有用酒肉祭祀土谷之神和祭田婆的习俗,祭田婆的时候,农人用草扎成束,插在田间祭祀,祈求丰年;湖南醴陵则有在夏至日祭祀土地的习俗。

嬉夏,绍兴民俗云:"嬉,要嬉夏至日;困,要困冬至夜。""嬉"就是玩耍,因为夏至日是一年中白天最长的一天,

和梦得夏至忆苏州呈卢宾客

唐·白居易

忆在苏州日,
常谙夏至筵。
粽香筒竹嫩,
炙脆子鹅鲜。
水国多台榭,
吴风尚管弦。
每家皆有酒,
无处不过船。
交印君相次,
褰帷我在前。
此乡俱老矣,
东望共依然。
洛下麦秋月,
江南梅雨天。
齐云楼上事,
已上十三年。

可以尽情玩耍，这个时候繁忙的芒种已经过去，可以稍微放松一下。

夏至与吃有关的习俗最为普遍，但又有地方特色，总体而言，最多的是吃夏至面。北京有夏至日吃炸酱面的习俗；山东有"冬至饺子夏至面"的说法，但夏天吃的面是凉面，即"过水面"，有些地方称之为入伏面，有提醒大家防暑之意；陕西吃粽子；浙江吃红枣烧鸡蛋和黄芪炖鸡；江苏有吃"三鲜"的习俗，"三鲜"分为地三鲜、树三鲜和水三鲜，地三鲜是苋菜、蚕豆和杏仁，树三鲜是樱桃、梅子和香椿，水三鲜是海蛳、鲫鱼和鸭蛋。无锡还有早上喝麦粥、中午吃馄饨的习俗，古人认为馄饨"有如鸡卵，颇似天地混沌之象"，取混沌和合之意，还认为吃馄饨可使人变聪明；山东一些地方有伏日吃黄瓜和煮鸡蛋的习俗，认为吃了可以治"苦夏"；岭南等地有夏至日吃狗肉的习俗，民间有"吃了夏至狗，西风绕道走"的谚语，认为夏至吃了狗肉就可以扛住冬日西北风的刺骨寒冷，不过，这种习俗在爱狗者看来，定然是要大加挞伐的。

有趣的是，有的地方还有夏至时节给牛改善伙食的习俗。在山东临沂等地，农人会在伏日煮麦仁汤给牛喝，据说牛喝了之后身体强壮，干活的时候不流汗，正如民谚所云："春牛鞭，纸牛汉（公牛），麦仁汤，纸牛饭，甜牛喝了不淌汗，熬到六月再一遍。"

◉ 明·戴进《太平乐事册页·牧归》

夏至农事

夏至后初暑登连天观

宋·杨万里

登台长早下台迟，

移遍胡床无处移。

不是清凉罢挥扇，

自缘手倦歇些时。

夏至时节气温升高，雨水日照充足，长江中下游的"梅天下梅雨"，黄淮平原的"云来常带雨"，能充分满足作物生长的需要。"夏至雨点值千金"，说的就是这个时节雨水的重要性。对于蔬菜而言，雨水多的时候要注意清沟排水工作，减少积水时间，防止根系过度浸泡，促进根系正常生长。夏种工作要注意收尾，主要是做好间苗定苗、移栽补缺工作。这个时候也是杂草疯长的季节，要抓好中耕锄地，"夏至不锄根边草，如同养下毒蛇咬"，只有及时清除杂草才能保证作物产量。

这个时候湿气重，家里有养鸡、养鸭的，一定要保持鸡舍、鸭舍干燥，要做好疾病预防工作。

◎ 清·陈枚《耕织图·中耕除草》

明·解缙《游七星岩诗》

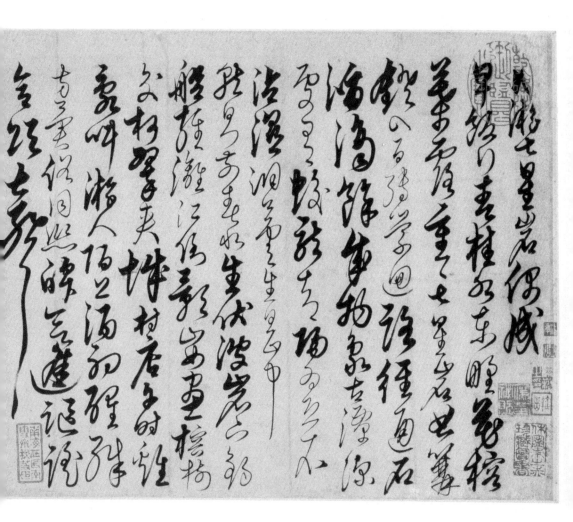

释文：

《游七星岩偶成》：

早饭行春桂水东，野花榕叶露重重。七星岩曲篆镫入，百转萦回路径通。石榴滴余成物象，古潭深处有蛟龙。却归为恐衣沾湿，洞口云生日正中。就日门前春水生，浮波岩下钓船轻。漓江倒影山如画，榕树交柯翠夹城。村店午时鸡乱叫，游人陌上酒初醒。殊方异俗同熙皞，欲进讴谣合颂声。度水穿林访隐君，七星岩畔鹤成群。犹疑仙李遗朱实，几见蟠桃结绛云。石乳悬崖金烂烂，瀑泉隆洞鸟纷纷。柳莺满树春风啭，共坐高吟把酒闻。桂水东边度石桥，酒祈村巷见渔樵。葭祠歌吹迎神女，野庙苹繁祀帝尧。附郭有山皆积石，仙岩无路不通宵。日长衣绣观民俗，行乐光辉荷圣朝。

一般在每年公历的7月6日至8日，会迎来二十四节气中的第十一个节气——小暑，此时太阳到达黄经105度，标志着炎热的天气正式到来。《说文解字》将"暑"直接释为"热"，《释名》则解释为"暑，煮也。热如煮物也"，显得更加形象，体现了"小暑大暑，上蒸下煮"的特点。《月令七十二候集解》："六月节……暑，热也，就热之中分为大小，月初为小，月中为大，今则热气犹小也。"说的是小暑热气较小，还没有到最热。《群芳谱》（明·王象晋撰）也说"暑气至此尚未极也"。

随着气候变暖，现在的小暑并不比大暑凉快，从《1971—2000中国地面气候资料》来看，这三十年间，中国大多数省份的年最高气温出现在7月，也就是小暑节气期间。小暑的天气特点表现为：天气炎热、雷暴频繁、雨量充沛。因此，这时既闷热又潮湿，南方大部分地区平均气温达到26摄氏度，并进入雷暴天气频发的季节，经常出现电闪雷鸣、暴雨如注、大风肆虐的现象，山区还会有山洪暴发、山体滑坡甚至泥石流出现，有的地方还会出现冰雹灾害。华南、东南等低海拔地区平均气温可达30摄氏度、日最高气温达35摄氏度，地面温度也高，"如坐深甑（zèng）遭蒸炊"（唐·韩愈《郑群赠簟（diàn）》），故有"小暑交大暑，热得无处躲"的谚语。

十二律吕协应十二月图
（清·李光地等《月令辑要》）

小暑

地煮天蒸荷色同

《咏廿四气诗·小暑六月节》
唐·元稹

倏忽温风至，因循小暑来。
竹喧先觉雨，山暗已闻雷。
户牖深青霭，阶庭长绿苔。
鹰鹯新习学，蟋蟀莫相催。

小暑三候

"一候温风至","至,极也,温热之风至此而极矣"（《月令七十二候集解》）。指的是这个时候的风不再是凉爽的,而是热风,铺天盖地的热浪让人无处藏身。

"二候蟋蟀居壁",《诗经·豳风·七月》一诗对蟋蟀的习性描写得很详细:"七月在野,八月在宇,九月在户,十月蟋蟀入我床下。"这里的八月就是现在农历的六月,小暑时节,地面温度升高,田野不再适合蟋蟀生活,它们躲在庭院的墙角或树荫下避暑。

"三候鹰始击",指地面气温太高,幼鹰在老鹰的带领下飞上高空,并学习搏杀猎食的技术。古人认为:"鹰,鸷鸟……季夏之月,二阴既起,鹰感阴气而有杀心,故能搏攫（jué）他禽,所谓鸷也。"

《逸周书·时训解》:"温风不至,国无宽教。蟋蟀不居辟,急迫之暴。鹰不学习,不备戎盗。"意即温风不来,国家没有宽松的教令;蟋蟀不上墙壁,会有强暴者横行;小鹰不上高空学习本领,敌寇无法防备。这些多为附会之言。

苦热

宋·陆游

万瓦鳞鳞若火龙,
日车不动汗珠融。
无因羽翮氛埃外,
坐觉蒸炊釜甑中。
石涧寒泉空有梦,
冰壶团扇欲无功。
余威向晚犹堪畏,
浴罢斜阳满野红。

宋·佚名《草堂消夏图》

小暑民俗

　　小暑拉开了夏天"桑拿模式"的序幕，在这个炎热的节气里，夏收也刚刚结束。所以，小暑的民俗有的与防暑降温有关，有的与收成有关，有的与自然环境有关，等等。这时的民俗主要有市冰、吃藕、食新、吃暑羊、吃黄鳝、斗蟋蟀、晒书画衣物等。

　　市冰，是古代的一个民俗，现在不多见，因为古代没有冰箱，要想在夏天吃冰冻食物的话，需要在前一年的冬天贮存好冰。一般家庭是不可能有这个能力的，只有大户人家或商家才能做到。夏天一到，商家就把冰拿出去卖，或者将冰与杨梅、桃子等时令水果做成"冰粥"进行售卖。一般农历五月就开始卖冰，《燕都杂咏》就描绘了卖冰人夏日沿街卖冰的情形："磕磕敲铜盏，街头听卖冰。浮瓜沉李脆，三伏绝炎蒸。"

　　吃藕，在我国很多地方都有，藕富含碳水化合物和钙、铁、磷等元素，又因藕与莲有关，被当作高洁人格的象征，同时"藕"与"偶"同音，有婚姻美满的寓意。故这个习俗一直保存了下来，成为小暑的一个民俗。

　　食新，与立夏的"尝新"有点相似，在有些地方也叫尝新或吃新，但略有差别。小暑的食新主要是用新米做好饭，祭祀五谷大神和祖先，有感谢和祈求秋后丰收之意。祭祀完后，人们还要饮尝新酒。有说法认为"吃新"应为"吃辛"，因为是在小暑后的第一个辛日吃。

　　吃暑羊，据说可上溯到尧舜时期，流传于鲁南和苏北等地区，徐州尤盛，民间还有"六月六接姑娘，新麦饼羊肉汤"的民谣，还有"彭城伏羊一碗

纳凉

宋·秦观

携杖来追柳外凉，

画桥南畔倚胡床。

月明船笛参差起，

风定池莲自在香。

喜夏

金·庞铸

小暑不足畏，

深居如退藏。

青奴初荐枕，

黄妳亦升堂。

鸟语竹阴密，

雨声荷叶香。

晚凉无一事，

步屦到西厢。

汤，不用神医开药方"的说法。此时的羊喝过山泉水，又吃了数月的青草，正是肉质肥美鲜嫩的时候，几户人家一起杀羊庆祝夏收，顺便犒劳一下自己。

吃黄鳝，主要流传于南方。小暑时候是黄鳝最肥美的季节，中医认为黄鳝有祛湿、滋补的功效，故有"小暑黄鳝赛人参"的说法。这个时候的农村夜晚，田埂上时常可以看到捕捉黄鳝的人。

斗蟋蟀，是小暑时常见的一种活动。蟋蟀的名称很多，有将军虫、斗鸡、促织等。之所以叫促织，是因为蟋蟀的叫声与织布机的声音相似，像在提醒人们织布。这个时候的蟋蟀常躲在屋檐下，小孩子极易抓住，又因蟋蟀好斗，常被拿来争斗。蒲松龄的《促织》一文从侧面反映了古代斗蟋蟀的习俗。

晒书画衣物，这种习俗与农历六月六的天贶节有关。贶，即赐，天贶节即天赐之节。据史书记载，该节始于宋真宗祥符四年（1011），这一年的六月初六，宋真宗声称他受上天恩赐，得了本天书，于是定这一天为天贶节。也有传说认为此节起源于唐代，唐玄奘取经回来时，经书被海水浸湿，在六月初六这一天将经书拿出去晒。也有人说，最初只是在皇宫晒龙袍，后来传入民间，老百姓在这一天晒书画和衣服，晒了之后可以防霉防蛀，去潮去湿。

此外，湘西苗族从每年小暑前的辰日到小暑后的巳日禁食鸡鸭鱼鳖蟹等物，只能吃猪羊牛肉，认为吃了会招灾祸，称之为"封斋"。

小暑农事

小暑时节，东北和西北地区正是收割冬小麦和春小麦的时候，要抓紧时机完成脱粒、晒干工作。其他大部分地区在高气温的影响下，水稻、棉花、玉米等作物进入旺盛的生长阶段，要注意田间管理。长江中下游地区受副热带高压的影响会出现高温少雨天气，要及早做好蓄水抗旱工作。"伏天的雨，锅里的米"，说的就是这段时间内抗旱工作的重要性。还有其他如抢栽夏山芋、春山芋除草施肥、夏大豆中耕松土、秋番茄等秋季蔬菜的播种育苗工作也不能放松。

◎ 清·陈枚《耕织图·蓄水抗旱》

十二卦气分应十二月
〔清·李光地等《月令辑要》〕

大暑

炎蒸如许惜分阴

小暑过后的十五天，一般在公历 7 月 22 日至 24 日，太阳到达黄经 120 度，便是大暑。《月令七十二候集解》："大暑，六月中……今则热气犹大也。"大暑，在古人的眼里，是炎热之极。这个时候的气候特征是高温湿热、雷暴频繁，是一年中气温最高、雨水最充沛的时期。在华南地区尤为如此，30 摄氏度以上的高温天气最多，40 摄氏度以上的高温也很常见。长江中下游的重庆、武汉、南京被称作"三大火炉"，其他如长沙、九江、安庆等城市的气温也并不比这些城市低，平均炎热的日子达到 40 天以上，可以说，大暑时节的长江中下游地区就是一个大火炉。

又湿又热的天气对人来说十分难熬，对农作物而言却是黄金生长时期，故有"小暑雨如银，大暑雨如金""伏里多雨，囤里多米""伏不受旱，一亩增一担"等说法。

咏廿四气诗·大暑六月中

唐·元稹

大暑三秋近，林钟九夏移。
桂轮开子夜，萤火照空时。
瓜果邀儒客，菰蒲长墨池。
绛纱浑卷上，经史待风吹。

清·王时敏《杜甫诗意图册》之十一

大暑三候

"一候腐草为萤"，指的是大暑第一候，萤火虫卵化出生。陆生的萤火虫将卵产在枯草上，古人以为是腐草所变。大暑过后是立秋，萤火虫因此被看作是迎秋之虫。萤火虫对生长环境的要求很高，一旦水土受到污染就很少出现，所以有萤火虫出没的地方一般都是干净清洁、植被茂密的好环境。萤火虫打着灯笼求偶的习性在古人那里有象征爱情之意，如宋代梅尧臣《悼亡》诗："每出身如梦，逢人强意多。归来仍寂寞，欲语向谁何？窗冷孤萤入，宵长一雁过。世间无最苦，精爽此销磨。"

"二候土润溽暑"，《月令七十二候集解》："溽，湿也，土之气润，故蒸郁而为湿；暑，俗称龌龊热是也。"指的是这个时候不仅天气闷热，土地也很潮湿。古人形象地解释大暑：暑是煮，火气在下，骄阳在上，熏蒸其中为湿热，人如在蒸笼之中，气极脏，也就称龌龊热。

"三候大雨时行"，到了大暑的第三个五天，因湿气积聚会时常有大的雷雨出现。

《逸周书·时训解》："腐草不化为萤，谷实鲜落；土润不溽暑，物不应罚；大雨不时行，国无恩泽。"意即腐草没有变为萤火虫，庄稼的颗粒会提早脱落；土地潮湿而不暑热，刑罚将会出现不当；大雨没有按时下，国家没有给百姓恩惠。或许可以理解为大暑天气出现不正常将会影响农作物的收成，从而会引起社会一系列的不良反应。

大暑

宋·曾几

赤日几时过，
清风无处寻。
经书聊枕籍，
瓜李漫浮沉。
兰若静复静，
茅茨深又深。
炎蒸乃如许，
那更惜分阴。

大暑民俗

    大暑是夏季最后一个节气，这时候天气高温闷热，极容易患上各种疾病。由于古代医疗水平比较低下，就只有通过改变饮食和举办祈福活动来安然度过酷暑，久而久之就形成了各种民俗，主要有送大暑船、过大暑、吃仙草、赏荷采莲、吃童子鸡、晒伏姜等。

    送大暑船，是浙江台州葭沚一带的习俗。据说起源于清同治年间，当时葭沚一带经常发生瘟疫，大暑前后尤其凶猛，人们认为是张元伯、刘元达、赵公明、史文业、钟仕贵五位凶神所引起。为了祈求平安，百姓在葭沚江边建

清·谢荪《荷花图》

了五圣庙，有病就向五圣祈祷，许愿祈求祛病消灾，事后用猪羊还愿。后来人们决定在大暑这一天进行集中还愿，用渔船将供品送至江口，供五圣享用，以示虔诚，这成为葭沚一带十分隆重的节日活动。

过大暑，指福建莆田人在大暑时节吃荔枝、羊肉和米糟等食品。荔枝富含葡萄糖和多种维生素，多吃鲜荔枝可以滋补身体。在大暑这一天，将荔枝含露摘下后浸在冷井水中，待凉后取出来享用。然后是吃温汤羊肉，莆田人在大暑这一天，将整只羊杀好后放进滚烫的锅里翻烫，捞起放入大陶缸中，用锅里的热汤浸泡一定时间后取出，吃的时候把羊肉切成小片。米糟是用白米饭加酒曲使之发酵，熟透成糟，大暑那天，将它与红糖一起煮食。

吃仙草，是广东一带的习俗。仙草又称凉草、仙人草，是一种药食两用植物，具有消暑功效。人们将仙草的茎和叶晒干后，做成烧仙草，也就是广东人说的凉粉，民谚有"六月大暑吃仙草，活如神仙不会老"的说法。

赏荷采莲，是民间赏荷花的一种习俗。相传六月二十四是荷花生日，故六月有"荷月"之称。明代文人袁宏道《荷花荡》："荷花荡在葑门外，每年六月廿四日，游人最盛，画舫云集……露帏则千花竞笑，举袂则乱云出峡，挥扇则星流月映，闻歌则雷辊涛趋，苏人游冶之盛，至是日而极矣。"说的是当时江苏常熟等地赏荷的盛景。浙江嘉兴在这一天有赏花会。四川盐源等地有"观莲节"，并沿袭古俗以莲子相互馈赠。

吃童子鸡，是湘中、湘北等地的风俗。童子鸡指的是饲养三个月以内还不会打鸣的小公鸡，吃了可以进补。

晒伏姜，主要流传于山西、河南等地。人们在三伏天把生姜切片或者榨汁后与红糖搅拌，装入容器中蒙上纱布，放在太阳底下晾晒，认为晒干的伏姜可以用来治疗老寒胃和伤风咳嗽等。

此外有些地方还有喝伏茶、烧伏香等习俗，但现在较少见。

大暑农事

  尽管天气酷热，但对于农业生产来说没有假期。"禾到大暑日夜黄"说的是大暑时节正是早稻成熟的季节，这个时候对于种植双季稻的地区来说，最为繁忙的"双抢"正式拉开帷幕，"早稻抢日，晚稻抢时"，既要适时收割早稻，"大暑不割禾，一天少一箩"，又要抓紧插栽晚稻。为了抢农时，农民一般清晨五点左右就要下田，下午两点就要干活，头顶烈日，十分辛苦。

  中稻、棉花、玉米、大豆等作物正值生长高峰期，也是需水的关键时期。大豆开花结荚也正是需水临界期，"大豆开花，沟里摸虾"，出现干旱要及时补水。黄淮平原的夏玉米正处拔节孕穗和抽雄期，水量也要保证。这个时期也是旱涝、冰雹等天气多变期，因此还要做好各种防范措施。

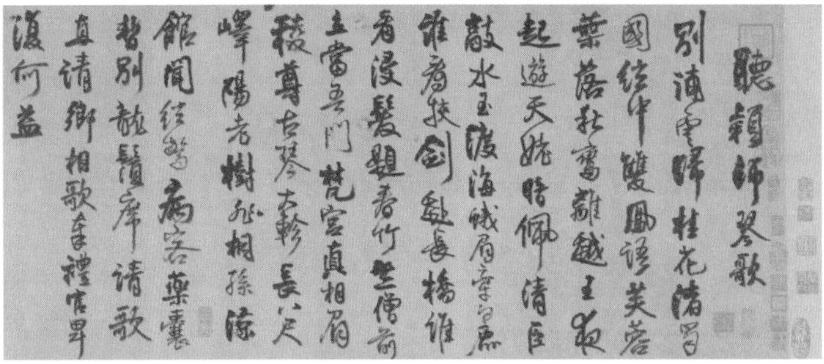

聽穎師琴歌

◀ 明·王铎《李贺诗帖》

《听颍师琴歌》
别浦云归桂花渚，
蜀国弦中双凤语。
芙蓉叶落秋鸾离，
越王夜起游天姥。
暗佩清臣敲水玉，
渡海蛾眉牵白鹿。
谁看挟剑赴长桥，
谁看浸发题春竹。
竺僧前立当吾门，
梵宫真相眉棱尊。
古琴大轸长八尺，
峄阳老树非桐孙。
凉馆闻弦惊病客，
药囊暂别龙须席。
请歌直请卿相歌，
奉礼官卑复何益。

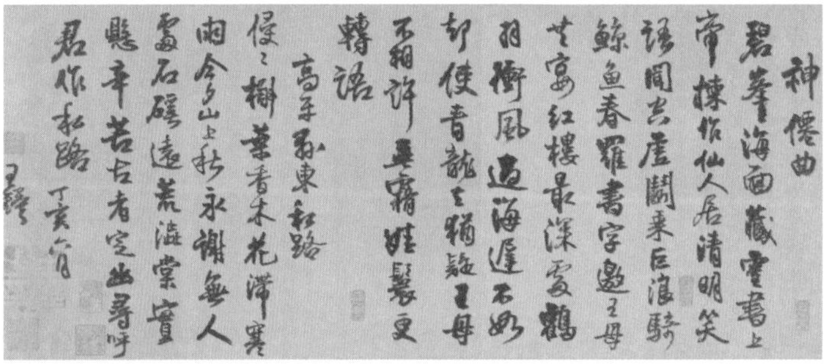

《神仙曲》
碧峰海面藏灵书，
上帝拣作仙人居。
清明笑语闻空虚，
斗乘巨浪骑鲸鱼。
春罗书字邀王母，
共宴红楼最深处。
鹤羽冲风过海迟，
不如却使青龙去。
犹疑王母不相许，
垂雾妖鬟更转语。

《高平县东私路》
侵侵槲叶香，
木花滞寒雨。
今夕山上秋，
永谢无人处。
石磎远荒涩，
棠实悬辛苦。
古者定幽寻，
呼君作私路。

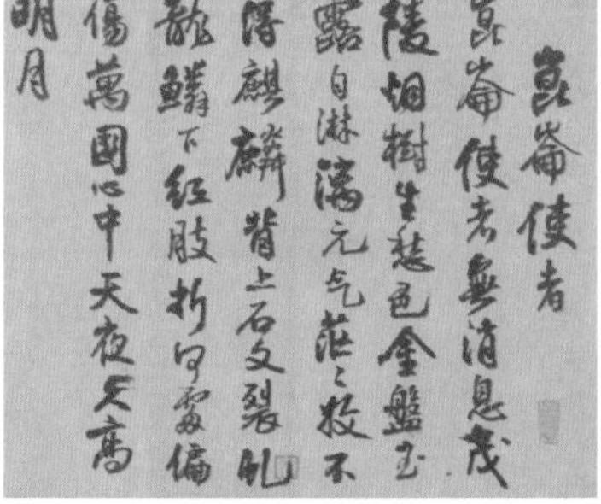

《昆仑使者》
昆仑使者无消息，
茂陵烟树生愁色。
金盘玉露自淋漓，
元气茫茫收不得。
麒麟背上石文裂，
虹龙鳞下红肢折。
何处偏伤万国心，
中天夜久高明月。

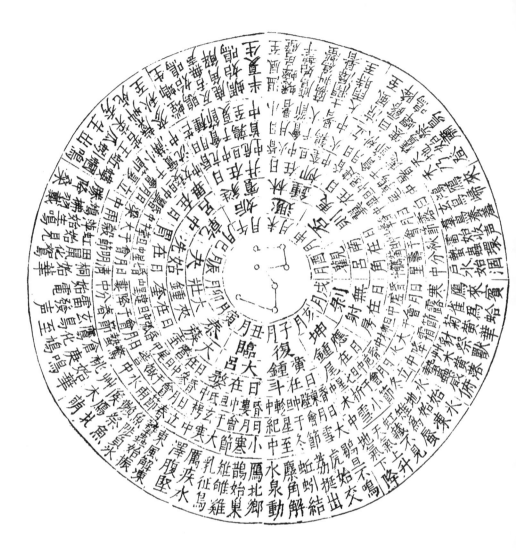

十二月卦律日月躔会二十四节气七十二候图
（明·冯应京《月令广义》）

秋

立秋　斗指坤（西南），太阳黄经为135度，一般8月7日至9日交节，干支历申月起始。

处暑　斗指申，太阳黄经为150度，一般8月22日至24日交节。

白露　斗指庚，太阳黄经为165度，一般9月7日至9日交节，干支历酉月起始。

秋分　斗指酉，太阳黄经为180度，一般9月22日至24日交节。

寒露　斗指辛，太阳黄经为195度，一般10月8日或9日交节，干支历戌月起始。

霜降　斗指戌，太阳黄经为210度，一般10月23日至24日交节。

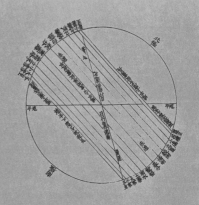

日行南北陆分昼永昼短图
（清·李光地等《月令辑要》）

立秋

秋风乍起野次黄

热了一个夏天，也辛苦了一个夏天，收获的季节即将到来，也看到了凉爽的希望。一般在每年公历的 8 月 7 日至 9 日之间，太阳到达黄经 135 度，立秋到了。《历书》记载："斗指西南，维为立秋，阴意出地，始杀万物。按秋训示，谷熟也。"立秋时节阴气渐盛，万物不断走向成熟萧索，《说文解字》称："秋，禾谷孰（熟）也。"《月令七十二候集解》："秋，揪也，物于此而揪敛也。"

作为夏季和秋季的转折点，立秋时节降雨、湿度等都会逐渐减少和降低，这在我国北方表现比较明显，故有"早上立了秋，晚上凉飕飕"之说。但这个时候的酷热天气并没有结束，立秋时节尚处于"三伏"期间，气候学上"秋"的标准是连续五天平均温度在 10—22 摄氏度之间，所以除了北方纬度和海拔较高地区之外，大多数地方立秋并未入秋，长江中下游地区还是处于"秋夹着伏，热得哭"的时候，"秋老虎"的炎热并不比夏季差，真正出现凉爽天气要到仲秋以后。

咏廿四气诗·立秋七月节

唐·元稹

不期朱夏尽，凉吹暗迎秋。
天汉成桥鹊，星娥会玉楼。
寒声喧耳外，白露滴林头。
一叶惊心绪，如何得不愁？

立秋三候

立秋三候，用通俗的话来说，就是秋风送爽，白露初降，寒蝉鸣叫。

"一候凉风至"，立秋之后刮的风一般偏北风居多，偏南风减少，这种风是凉爽风，而不是像夏季一样的热风。

"二候白露降"，凉风会使夜晚温度降低，导致白天形成的水蒸气在室外凝结成雾气。

"三候寒蝉鸣"，此时，天气渐凉，感受到凉爽的秋蝉也开始鸣叫。

《逸周书·时训解》说："凉风不至，国无严政。白露不降，民多邪病。寒蝉不鸣，人皆力争。"意思是立秋时节没有凉风吹来，国家政令会没有威严；白露不降，百姓会多患咳喘；寒蝉不叫，大臣会以力逞强。除了第二句之外，其余两句大概是以物候的异象来警示君王和大臣们，在收获的季节里，要懂得反省自己过去的所作所为。

立秋日曲江忆元九

唐·白居易

下马柳阴下，
独上堤上行。
故人千万里，
新蝉三两声。
城中曲江水，
江上江陵城。
两地新秋思，
应同此日情。

立秋民俗

早在周代，朝廷就对立秋十分重视，每逢立秋之日，天子会亲率三公九卿诸侯大夫到西郊迎秋，并举行各种隆重的仪式。汉代沿袭了这个习俗，《后汉书·志第八·祭祀中》："立秋之日，迎秋于西郊，祭白帝蓐（rù）收，车旗服饰皆白，歌《西皓》、八佾舞《育命》之舞。使谒者以一特牲先祭先虞于坛，有事，天子入囿射牲，以祭宗庙，名曰貙（chū）刘。"唐代也有"立秋、立冬祀五帝于四郊"（《新唐书·礼乐志》）的传统。到了宋代，立秋这天会将宫内盆栽的梧桐移到殿内，等立秋时辰一到，史官便高声向皇上奏报。奏完后，梧桐应声落下一两片叶子，以寓报秋之意。

◎ 梧桐

同样，在民间亦有许多习俗流传，主要有秋社、晒秋、秋忙会、贴秋膘、啃秋、躺秋、摸秋、戴楸叶、食秋桃等。

秋社，是中国的古老传统，古时把祭祀土地神的地方叫作"社"，每到播种和收获的季节都要立社祭祀，祈求和酬报土地神，故有春社和秋社之分。秋社是在立秋后的第五个戊日，打下新谷的农历八月举行。古代民间在秋社有食糕、饮酒、妇女归宁等活动。陆游《秋社》诗很好地反映了当时秋社的盛况："雨余残日照庭槐，社鼓冬冬赛庙回。"到了后来，秋社逐渐演变为祭祀田神，《清嘉录》记载："中元，农家祀田神，各具粉团、鸡黍、瓜蔬之属，于田间十字路口再拜而祝，谓之斋田头。"现在浙江杭州一带还有携带酒肉到田边祭祀田祖的习俗。

晒秋，是古代一个比较普遍的民俗。因古代科技不发达，

立秋日

唐·令狐楚

平日本多恨，
新秋偏易悲。
燕词如惜别，
柳意已呈衰。
事国终无补，
还家未有期。
心中旧气味，
苦校去年时。

人们必须在秋天收获之际准备好过冬食物，于是在立秋形成了在自家窗台、屋顶等地挂晒或架晒各种农作物的习俗，尤其在湖南、江西和安徽等地比较盛行。现在这种现象虽不如古代那样普遍，但在农村还是随处可见，有些地方的"晒秋"甚至还成了画家、摄影家所喜爱的素材，如江西婺源篁岭古村的晒秋，2014年被文化部评为"最美中国符号"，成为一张旅游名片，每年有数万人去篁岭赏秋拍摄。

秋忙会，是古代为了迎接秋忙而准备的经营贸易集会，时间在每年七八月份，以交流生产工具、买卖牲口、交换粮食及生活用品为目标，与夏忙会相似。有的地方还将其与庙会结合起来，除了物品交换之外，还增加了戏剧演出、耍猴等娱乐节目。

贴秋膘，民间除了立夏秤人之外，还有立秋秤人，就是为了检测人们在经过一个夏天之后体重是否减轻。因为夏日炎热，胃口大减，体重一般会减少，减了体重叫苦夏。到了秋天，就要补偿夏天的损失，于是在立秋这天吃炖肉、烤肉等食物进补，这就是"以肉贴膘"，简称贴秋膘。

啃秋，也叫咬秋，清代张焘《津门杂记·岁时风俗》："立秋之时食瓜，曰咬秋，可免腹泻。"现在天津等地还有在立秋这天吃西瓜或香瓜的习俗；北京则早上吃甜瓜，晚上吃香瓜。"啃秋"既有迎秋之意，也表达出一

◑ 土地神

种丰收的喜悦。古人认为啃秋有使人不生秋痱子、防疟疾等作用。

躺秋，也称卧秋、睡秋，在立秋这天，人们会在阴凉的地方躺一躺。寓意有多种：一是认为酷暑天气即将过去，晚上气温相对较低，终于能睡个安稳觉了；二是认为繁忙的夏季生产已结束，终于可以躺一躺，好好休息一下；三是夏天没有好好长膘，可以利用立秋后的空闲时间好好躺躺，将夏天瘦掉的肉补回来。

摸秋，是流行于江苏盐城一带的风俗。立秋日这天晚上，人们可以到别人家的菜园子里摸各种瓜果，称之为摸秋。丢了"秋"（即瓜果）的人家一般也不责怪。有的地方是在八月十五中秋节晚上，未育的已婚妇女在女伴的陪伴下去摸人家的瓜豆，相传摸到南瓜易生男孩，摸到扁豆易生女孩，如果能摸到白扁豆则大吉大利，有白头偕老之意。

戴楸叶，在唐朝陈藏器的《本草拾遗》就已有记载。明代高濂《遵生八笺》称："立秋，太阳未升，采楸叶熬膏，搽疮疡，立愈，名楸叶膏，熬法以叶多方稠。"在立秋这天，长安城里有人专门出售楸叶，妇女儿童将其剪成花插戴在头上。宋代孟元老《东京梦华录》称："立秋日，满街卖楸叶，妇女儿童辈，皆剪成花样戴之。"明代田汝成《熙朝乐事》载："立秋之日，男女咸戴楸叶，以应时序；或以石楠红叶，剪刻花瓣，扑插鬓边。"可见戴楸叶是古时民间的一种习俗，并一直流传，但现在已很少见。

食秋桃，是浙江杭州等地的风俗。立秋日，人人都吃一个桃子，吃完之后将桃核收起来，到除夕的时候把桃核丢进火炉中烧成灰烬，认为能使人不患瘟疫。

立秋前一日览镜

唐·李益

万事销身外，
生涯在镜中。
唯将满鬓雪，
明日对秋风。

◎ 楸树

吴郡唐寅

落尽闲花日暮迟，薄罗轻汗暑侵肌。长门七月浑无暑，翠袖珑玲掩合欢。

徽明

禅帏恼乱褪云鬟含颦睡起恨漫漫，长门七月浑无暑翠袖珑玲掩合欢

王毅祥

明·唐寅《班姬团扇图》

此幅绘汉成帝时班婕妤绪衣绮裳，执纨扇侍立玉阶，旁有棕榈数丛，微带秋意。

图上有明代书法家祝允明，以及书画家文徵明、王毅祥亲笔题诗。

祝允明题诗：碧云凉冷别宫苔，团扇徘徊句未裁。

文徵明题诗：落尽闲花日暮迟，薄罗轻汗暑侵肌。

休说当年辞辇会，君王心在避风台。

眉端心事无人会，独许青团扇子知。

王毅祥题诗：蝉鬓低垂螺黛残，含颦睡起恨漫漫。

长门七月浑无暑，翠袖玲珑掩合欢。

立秋农事

"秋后一伏热死人"，说明立秋时节我国大多数地区的气温仍然很高，各种秋收作物也还处于生长期，这个时候的水分需求依然很大。谚语"立秋三场雨，秋稻变成米""立秋雨淋淋，遍地是黄金"，说的就是秋雨对农作物的重要性。

华北地区的大白菜播种开始了，一般会在气温回落前完成；北方开始整地、施肥，为冬小麦播种做好前期工作。

○ 清·陈枚《耕织图·筛米》

处暑即"出暑"，有炎热离开之意，一般于公历 8 月 22 日至 24 日交节，太阳正处于黄经 150 度。《月令七十二候集解》："处，止也，暑气至此而止矣。"《月令采奇》："处暑……暑将退伏而潜处。"这时天气渐渐凉爽，但受"秋老虎"的影响，仍有短期连续高温天气。"秋老虎"是指立秋后副热带高压再度回归所形成的连续晴朗、温度高的暑热天气，民间有"二十四个秋老虎"的说法，实际上每年"秋老虎"的时间并不相同，持续时间一般在半月至两月之间。民谚"处暑十八盆"，最能说明"秋老虎"，《清嘉录》："土俗以处暑后，天气犹暄，约再历十八日而始凉。谚有云'处暑十八盆'，谓沐浴十八日也。""十八盆"指处暑后天气太热，还要连续洗十八次澡。一般而言，经过"十八盆"之后，我国大部分地区的气温就真正降下来了，秋天也就真的来了。

民谚"处暑热不来"，虽然有"秋老虎"，但气温随着时间推移逐渐下降，这时平均气温比立秋低 1.5 摄氏度左右，但有的地方仍有 30 摄氏度的高温，甚至更高。受冷高压影响，东北、西北地区率先降温并形成干燥天气。若大气中有暖湿气流，也会形成降雨，在江淮地区还有可能形成较大的降雨。南方会出现绵绵秋雨，雨日长而雨量小。总体而言，处暑时气候主要表现为白天热，早晚凉，昼夜温差大，降水少，空气湿度低。

太乙所居九宫图
（明·冯应京《月令广义》）

处暑

绿浪黄云看掀舞

咏廿四气诗·处暑七月中
唐·元稹

向来鹰祭鸟，渐觉白藏深。
叶下空惊吹，天高不见心。
气收禾黍熟，风静草虫吟。
缓酌樽中酒，容调膝上琴。

处暑三候

"一候鹰乃祭鸟",这个时候秋高气爽,能见度高,又加上草木凋零,各种小动物极易捕捉,老鹰将所捕猎物陈列在地上,如同祭祀。"鹰,杀鸟。不敢先尝,示报本也。"古人认为鹰是义禽,因其"不击有胎之禽,故谓之义",捕猎到食物后,先祭后食,如同老百姓收获之后祭祀祖先天地以示感恩报本。

"二候天地始肃",到了处暑第二候,天地间万物开始凋落,肃杀之气渐起。为了顺天地肃杀之气,古代在此时开始处决犯人,"是月也,命有司修法制,缮囹圄,具桎梏,禁止奸,慎罪邪,务搏执。命理瞻伤,察创,视折,审断。决狱讼,必端平。戮有罪,严断刑。天地始肃,不可以赢"(《礼记·月令》)。我们常常在影视剧中也会看到"秋后处斩"。

"三候禾乃登","禾"是黍、稷、稻、粱等五谷的总称,"登"是成熟。"禾乃登"即谷物成熟。《月令七十二候集解》:"禾者,谷连藁(gǎo)秸之总名。又,稻秫(shú)苽(gū)粱之属皆禾也。成熟曰登。"

《逸周书·时训解》:"鹰不祭鸟,师旅无功。天地不肃,君臣乃口(阙)。农不登谷,暖气为灾。"意思是老鹰不陈列所捕获的猎物,意味着将征战无功;天地不肃杀,君臣之间会不分上下;农田里收不到五谷,温暖的气候会造成灾害。

秋日喜雨题周材老壁

宋·王之道

大旱弥千里,
群心迫望霓。
檐声闻夜溜,
山气见朝跻。
处暑余三日,
高原满一犁。
我来何所喜,
焦槁免无泥。

处暑民俗

处暑的民俗大多与祭祖和迎秋有关，比较常见的有祭祖、煎药茶、拜土地爷、放河灯、开渔节、吃鸭子等。

祭祖，是农历七月祭祀祖先的活动，也称作七月半和中元节等。中元节是道教的叫法，七月半是民间的俗称。与除夕、清明、重阳都是中国传统的祭祖大节，具体祭祖方式各地不尽相同，但主题都是庆贺丰收，向祖先报告收成，感恩祖先的庇佑。

煎药茶，是人们在处暑期间去药店配制好煎凉茶的药方，在家煎成茶饮用，意谓入秋要吃点"苦"，有的地方是喝酸杨梅汤。

拜土地爷，是在处暑农作物收成时，农人举行各种仪式来感谢土地爷。地方不同，感谢的方式不同，有的是杀牲口到土地庙祭拜，有的是在七月十五将供品撒进田地，烧纸后将剪碎的五色纸缠绕在农作物的穗子上，认为可以防止冰雹袭击等天灾。

放河灯，也叫荷花灯，其实也是七月节的一种习俗，即到了七月十五这天，人们将蜡烛或灯盏放在花灯底座上，任其在河里漂荡，普度水鬼和其他孤魂野鬼。

开渔节，乃浙江沿海渔民的一种习俗。每年处暑是东海休渔季节结束的时候，为了预祝渔业丰收，都要举行隆重的开渔节，场面十分壮观，千家万户挂渔灯，还要进行千舟竞发仪式，一声炮响，百舸争发。

吃鸭子，一般在北京等地流传。人们认为鸭子味甘性凉，是滋阴养胃的佳品，到了处暑这一天，北京人会到店里去买处暑百合鸭。做法不尽相同，做成白切鸭、柠檬鸭、子姜鸭、烤鸭、荷叶鸭，等等。

其他还有采菱、植菱、泼水、乞巧等活动。

宋·佚名《柳院消暑图》

处暑农事

　　处暑昼夜温差大的气候特征使庄稼成熟得很快，故有"处暑禾田连夜变"的说法。此时正是中稻成熟的季节，又时有秋雨，要及时抢收抢晒。单季晚稻正处于幼穗分化阶段，要及时做好农田灌水，并抓紧时机追施穗粒肥，保证产量，故民谚有"处暑送肥忙，肥多多打粮"的说法。

　　对于山芋、夏玉米来说，此时正处于结薯、抽穗扬花的阶段，"处暑雨如金"，要搞好水分保障工作。东北、华北和西北地区要抓紧蓄水保墒，为冬季作物的播种做好准备。

清·陈枚《耕织图·晒谷》

天地仪
（明·冯应京《月令广义》）

白露

秋老荷塘农正忙

太阳往南至黄经165度，一年中的第十五个节气——白露，一般在公历9月7日至9日到来，这时暑天的闷热基本结束，天气转凉，温度走低，云淡天高，真正意义上的秋天终于来了。《月令七十二候集解》称："露，八月节。秋属金，金色白，阴气渐重，露凝而白也。"

由于冬季风的影响，白露时节的气温比处暑平均低3摄氏度左右，我国大部分地区的日平均气温处于22摄氏度以下。因昼夜温差的进一步加大，水汽接触地面或地面物体之后凝成露珠。当然露珠的形成有几个硬性条件：一是天气晴，二是湿度大，三是风要小。所以，有无露水是天气是否晴雨的重要判断因素，民间用"草上露水凝，天气一定晴""草上露水大，当日准不下""夜晚露水狂，来日毒太阳""干雾露阴，湿雾露晴"等谚语来进行说明。相对而言，白露的降水远低于处暑期间，秋风吹干了空气中的水分，由此形成了干燥的气候特征，中医称之为"秋燥"。"秋燥"会使很多人出现皮肤干燥、咽干、口干、眼干等状况，在中国北方尤其明显。

咏廿四气诗·白露八月节
唐·元稹

露沾蔬草白，天气转青高。
叶下和秋吹，惊看两鬓毛。
养羞因野鸟，为客讶蓬蒿。
火急收田种，晨昏莫辞劳。

清·石涛《渊明诗意册页》之二

白露三候

"一候鸿雁来"，古人认为"鸿大雁小，自北而来南也，不谓南乡，非其居耳"，鸿雁南飞是从北方家乡去南方过冬，所以称之为"鸿雁来"。

"二候玄鸟归"，玄鸟是燕子，"春分而来，秋分而去也；此时自北而往南迁也，燕乃南方之鸟，故曰归"，说的是天气凉了，燕子回归南方。

"三候群鸟养羞"，百鸟感受到秋天的阴气，开始储备食物过冬。"三兽以上为群，群，众也"，"羞"是"馐"的本义，古人往往二字通用，即"所馐之食"，所以"养羞者，藏之以备冬月之养也"，养羞就是储藏食物的意思。

《逸周书·时训解》："鸿雁不来，远人背畔。玄鸟不归，室家离散。群鸟不养羞，下臣骄慢。"物候与这些具体的社会人世变迁到底的关联应为附会，但反常情况的出现，多少会影响人们的正常生活。

◎ 芦雁

月夜忆舍弟

唐·杜甫

戍鼓断人行，边秋一雁声。
露从今夜白，月是故乡明。
有弟皆分散，无家问死生。
寄书长不达，况乃未休兵。

◎ 清·张若霭《画高宗御笔秋花诗轴》

池塘快雨晴英氣
習習涵然片刻聞卷事
聊收拾零英畢露瀼
細鋤翻地溫芬芳蝶
祛隨蔣福峰遠集桃
李分庶讓盡園蓋帛
及於教示辭名一徑幽
英裏生意阮可觀清
書齋以給先秋種穩
花秋色侵尋入思為
學方凡事豫則立
右種秋花一首因令
以詩亭為園雨寅和
秋偶筆

白露民俗

　　白露时节对人的身体来说是个很关键的时期，为了弥补炎夏的能量消耗和为进入冬季做好准备，古人流传下很多与饮食相关的习俗，如收清露、吃龙眼配稀饭、白露茶、白露米酒、十样白、打枣等，也有与祭祀活动和庆祝活动相关的习俗，如祭禹王、推燕车等。

　　收清露，也称收露，古人认为秋露有各种养生功效，李时珍《本草纲目》："秋露繁时，以盘收取，煎如饴，令人延年不饥。"又说："百草头上秋露，未晞时收取，愈百疾，止消渴，令人身轻不饥、悦泽。"屈原《离骚》："朝饮木兰之坠露兮，夕餐秋菊之落英。"我国自古就有收露的习俗，汉代就有金铜仙人承露盘接露，并一直延续到今天。湖南、湖北、山东、河北、四川等地就有用瓷器收取露水加以朱砂和墨水点在小孩额头和心窝的做法，也叫天炙，有传说认为可以祛百病。

　　吃龙眼配稀饭的习俗主要流传于福州一带。在处暑这天，家家用龙眼配稀饭一起吃，认为龙眼有补气血的作用，通过吃龙眼，可以补充夏天消耗的能量。

　　白露茶，其实应该叫喝白露茶。俗语说："春茶苦，夏茶涩，要喝茶，秋白露。"茶树度过了酷热的夏天，白露季节正是其最佳的生长期，此时的茶叶不仅比春茶经泡，还有一种甘醇香味，极受茶客欢迎，据说以前的南京人就对白露茶十分钟爱。

　　白露米酒，也叫白露酒，是用糯米、高粱等五谷酿制而成。现在主要流传于湖南资兴的兴宁、三都、蓼江等镇，该酒温中带热，略有甜味，精品常被称为"程酒"，在古代是贡酒，《水经注》："郴县有渌水，出县东侯公山西北，流而南屈注于耒，谓之程乡溪，郡置酒官酝于山下，名曰程酒，献同郫也。"古时江浙地方也在白露时候酿酒，拿来待客和馈赠亲友。

　　十样白，是温州等地在白露节时采集十种带"白"字的草药，如白木槿、

師弟聯

珎盦出奇高人

讀易小窗時楓

丹松綠成乎性

仁智今明多見

之

白毛苦等，拿来煨乌骨鸡或鸭子，有
说法认为吃了可以治疗关节炎。

打枣，白露时节大枣成熟，正是
收枣的时候，故有"白露打枣"的说
法。打枣的时候用力要轻，先用竹
竿在大枝上敲打几下，再顺着树枝的
方向抒（fū）几下，用力过大，会把
枣树"打聋"，影响来年产量。

祭禹王，即祭祀大禹。大禹是
古时治水英雄，深受百姓爱戴，太湖
湖畔的渔民称他为"水路之神"，除
了在白露时节祭拜禹王外，每年的正
月初八、清明节、七月初七都要举行
祭禹王的香会，尤其以清明、白露两
祭的规模最大，时间也最长，通常为
一周。山西沿黄河一带的地方也祭
拜禹王，只是除了祭拜禹王外，还祭
拜土地、花神、门神等，期望诸神多
多庇佑。

推燕车，山东郯（tán）城一带
有"白露到，娃娃推着燕车跑"的民
俗。到了白露节气，家家户户制作
能发出悦耳声音的小燕车，由孩子们
推着赛跑，既活跃了气氛，又增强了
体质。

○ 清·谢遂《仿唐人大禹治水图》

白露农事

秋雨绵绵的白露虽然不是农事过分繁忙的时候，但也有很多农作物等待收割和播种。

这个时候全国各地的棉花正处于吐絮期，"促织鸣，棉花盛"说的就是这个时候抓紧采棉织布的情景。东北平原的大豆、谷子、水稻和高粱已经成熟，西北、华北等地的玉米、红薯也到了可以收获的季节。种麻地区的人们开始忙着沤麻。这个时候还是收蜡的好时节，不管是黄蜡还是白蜡，都要抓紧收获。

俗语说："白露天气晴，谷米白如银。"白露时节的晴好天气有利于晚稻的抽穗，这个时候要做好秋雨天气来临的防范措施。

◎ 摘棉花

玉阶怨

唐·李白

玉阶生白露，夜久侵罗袜。
却下水晶帘，玲珑望秋月。

蝶恋花·槛菊愁烟兰泣露

宋·晏殊

槛菊愁烟兰泣露，罗幕轻寒，燕子双飞去。明月不谙离恨苦，斜光到晓穿朱户。

昨夜西风凋碧树，独上高楼，望尽天涯路。欲寄彩笺兼尺素，山长水阔知何处？

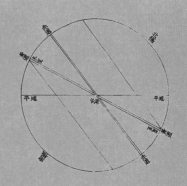

秋分正视之图
（清·李光地等《月令辑要》）

一般每年公历的 9 月 22 日至 24 日，是二十四节气中秋分的交节日，这时太阳达到黄经 180 度，阳光直射赤道，这天的白昼和黑夜时间几乎等长。古人敏锐地观察到了这一点。《春秋繁露·阴阳出入上下》中说："秋分者，阴阳相半也，故昼夜均而寒暑平。"这也是秋分之"分"的第一层意思。第二层意思指的是秋分处于秋季九十天的正中，将秋天一分为二，有平分之意。《月令七十二候集解》："分者，半也，此当九十日之半，故谓之分。"

从秋分这天起，太阳直射点由赤道向南半球推移，北半球的白昼逐渐短于黑夜，昼夜温差可达 10 摄氏度以上，长江流域及其以北地区都先后进入真正意义上的秋季，南方日平均气温都降到了 22 摄氏度以下。"一场秋雨一场寒"，每一场雨都会使气温下降，西北高原日最低气温下降到 0 摄氏度，降雪天气偶尔出现，但大部分地区雨天较少，秋高气爽的日子比较多，有利于农业生产。另外，经党中央批准、国务院批复，我国将每年秋分日设立为"中国农民丰收节"。

秋分

凉蟾光满桂子香

咏廿四气诗·秋分八月中
唐·元稹
琴弹南吕调，风色已高清。
云散飘飖影，雷收振怒声。
乾坤能静肃，寒暑喜均平。
忽见新来雁，人心敢不惊？

秋分三候

二候蛰虫坏户
三候水始涸
一候雷始收声

"一候雷始收声"，到了秋分，就不再打雷。"雷，二月阳中发声，八月阴中收声，入地则万物随入也。"古人认为，雷因阳气盛而发生，秋分后阴气旺盛，阳气收敛，故不再打雷。

"二候蛰虫坏（péi）户"，"坏"就是细土或淘瓦之泥。秋分气温下降，寒气旺盛，蛰居的小虫躲在泥瓦的细土中，并将洞口封起来防止寒气入侵。

"三候水始涸"，水由气（水汽）而形成，春夏气多，故水多；秋冬气少，故水干涸。这个时候天气干燥，降雨量少，江河湖海中的水量变少。

《逸周书·时训解》："雷不始收声，诸侯淫佚；蛰虫不培户，民靡有赖；水不始涸，甲虫为害。"认为如果节气三候反常，则会出现各种社会问题，如秋分以后还打雷，诸侯就会纵欲放荡；蛰居之虫不修建洞穴，老百姓就会失去庇护；水不干涸，就会出现虫灾。

◎ 清·爱新觉罗·载淳《秋趣镜心》

秋分日忆用济

清·紫静仪

遇节思吾子，
吟诗对夕曛。
燕将明日去，
秋向此时分。
逆旅空弹铗，
生涯只卖文。
归帆宜早挂，
莫待雪纷纷。

秋分民俗

"春祭日，秋祭月"是对古时春秋二祭的描述。早在周代，就有春分祭日、夏至祭地、秋分祭月、冬至祭天的传统，祭祀的地点分别在日坛、地坛、月坛和天坛。《史记集解·孝武本纪》："应劭曰：天子春朝日，秋夕月，拜日东门之外，朝日以朝，夕月以夕。"可见，早期的祭月就放在秋分这天，但由于秋分这天在农历中并不固定，月亮时有时无，时圆时缺，为了避免祭月无月的尴尬，后来就将祭月日固定在八月十五。明代陆启浤《北京岁华记》就记载了当时人们祭月的情形："中秋夜，人家各置月宫符象，符上兔如人立，陈瓜果于庭，饼面绘月宫蟾兔，男女肃拜烧香，旦而焚之。"如今八月十五赏月的风俗就来源于祭月，相对古时而言，少了几分肃穆，多了几分轻松，人们品着月饼，赏着明月，感受家庭团圆的美好。

除了秋祭月的风俗外，另外还有吃秋菜、送秋牛、竖蛋、粘雀子嘴等。其中竖蛋、粘雀子嘴等习俗在春分中也有，形式和内容没有太大变化，故不在此赘述。

吃秋菜，主要流传于岭南一带。在这一天人们会去山上采野苋菜（也称秋碧蒿），采回来之后与鱼片一起煮汤，叫作秋汤，认为喝了秋汤，全家老少身强体健，家宅安宁。这种民俗与中医强调的秋天滋补暗合，野苋菜也确实含有丰富的胡萝卜素、维生素 C 等多种营养成分，吃了可增强人的免疫功能，故有俗语说："秋汤灌脏，洗涤肝肠。阖家老少，平安健康。"

送秋牛，与春分送春牛相似，每到秋分时候，就有专门的送图人挨家挨户送秋图，这种人也叫秋官，边送印有节气和农夫耕田的图，边说与秋耕有关的吉祥话，并因人而异，句句押韵，一直说到主人给钱为止。

秋分农事

　　秋分时节虽然凉风习习，天高气爽，但南下的冷空气和暖湿空气相遇也会形成降雨，这个时候要抓紧晴好天气采棉和收取烟叶、玉米等农作物，使其免受早霜冻和连阴雨。所以民间有"四分四快"的说法，即分收、分晒、分藏、分售和快收、快晒、快藏、快售。中稻收割前的水量管理要科学，要采用干湿相间的灌溉技术，断水不宜过早。南方的双季晚稻正处于抽穗扬花的时候，要防止低温阴雨天气的侵害，做好防范工作。

　　华北地区小麦的种植要及时，农谚说："白露早，寒露迟，秋分种麦正当时。"油菜要在9月底前做好抢播育苗工作，并做好茼蒿、菠菜、大蒜、秋马铃薯、洋葱、青菜、蒲芹、黄芽菜等蔬菜的播种定植。

清・陈枚《耕织图・二耘》

○ 元·盛懋《秋溪钓艇图》

秋夜诗

南朝梁·沈约

月落宵向分，紫烟郁氤氲。

曀曀萤入雾，离离雁出云。

巴童暗理瑟，汉女夜缝裙。

新知乐如是，久要讵相闻。

秋分后十日得暴雨

宋·曹彦约

负固骄阳不忍回，执迷凉意误惊猜。

倾盆雨势疑飞瀑，揭地风声帮迅雷。

阶下决明添意气，庭前甘菊剩胚胎。

可怜岁事今如此，麦垄蔬畦尚可培。

范中立秋涉图
为汝南周氏立
藏浑厚高古
无画史习气公
谨见示漫缀

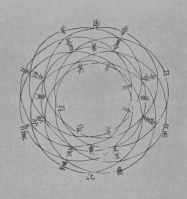

日月九道图
（明·王鸣鹤《登坛必究》）

寒露

露寒菊黄登高时

一般每年公历的 10 月 8 日或 9 日，太阳达到黄经 195 度，一个从凉爽转向寒冷的节气来临，这就是寒露。这是二十四节气中最早出现"寒"字的节气，反映了气候的变化，《月令七十二候集解》："九月节，露气寒冷，将凝结也。""将凝结"，就意味着这时气温比白露更低，早晨野外的露水不再是晶莹的露珠，而是凝结为霜，遍地冷露。

民谚云："吃了寒露饭，单衣汉少见。"意味着天气由凉转寒。此后，我国大部分地区的气温持续下降，长江沿岸地区的气温最低可至 10 摄氏度以下，华南日平均气温一般都处于 20 摄氏度以下，东北和西北地区的气温普遍低于 10 摄氏度，已进入真正意义上的冬季。总体而言，寒露过后，南方气爽风凉，少雨干燥；北方进入或即将进入冬季。

咏廿四气诗·寒露九月节
唐·元稹
寒露惊秋晚，朝看菊渐黄。
千家风扫叶，万里雁随阳。
化蛤悲群鸟，收田畏早霜。
因知松柏志，冬夏色苍苍。

寒露三候

"一候鸿雁来宾"，说的是最后一批大雁南飞，此时与白露期间大雁南飞已相隔一个月。古人将前后出现的大雁分别称为"主"和"宾"，"雁以仲秋先至者为主，季秋后至者为宾"。周敦颐的《通书》解释不一样，认为是"来滨"，即来到水边。简言之，大雁从白露时节开始南迁，至寒露一候迁徙完毕。

"二候雀入大水为蛤"，是说雀鸟到了深秋时节，潜入水中化为蛤蜊。这是古人的想象，认为阳气十足的雀鸟变成了阴气重的蛤蜊了。因为此时的蛤蜊，正处于大量繁殖时期，且蛤蜊的花纹和雀鸟相似，人们就认为是雀鸟变化而成。

"三候菊有黄华"，菊花开始开放。百花仅菊花开放于深秋之际，因其颜色多为黄，所以菊花又称黄花。此时也是人们赏菊的好时节，各地都会在这段时间举办各种各样的菊花展。

《逸周书·时训解》："鸿雁不来，小民不服；爵（雀）不入大水，失时之极。菊无黄华，土不稼穑。"意思是最后一批大雁不飞来，小民难以驯服；麻雀不掉入水中变为蛤蜊，季节的次序会打乱；秋天的菊花不开黄色，土地不能耕种。这些多为附会。

○ 雀入大水为蛤（清·聂璜《海错图》）

斋心

唐·王昌龄

女萝覆石壁，
溪水幽濛胧。
紫葛蔓黄花，
娟娟寒露中。
朝饮花上露，
夜卧松下风。
云英化为水，
光采与我同。
日月荡精魄，
寥寥天宇空。

寒露民俗

　　寒露天气变冷，草木凋零，古人将这种情况称之为"辞青"。此时正好菊花盛开，于是赏菊就成了这个时候的一个重要风俗，一般在重阳节举行，故重阳节又称菊花节。《东京梦华录》卷八："九月重阳，都下赏菊，有数种。其黄白色蕊若莲房，曰万龄菊，粉红色曰桃花菊，白而檀心曰木香菊，黄色而圆者曰金铃菊，纯白而大者曰喜容菊，无处无之。"《陶庵梦忆》《浮生六记》《燕京岁时记》等文献中均有记载。这种风俗一直延续到今天。寒露时节除了赏菊之外，还有登高、吃花糕、饮菊花酒、赏红叶、吃芝麻等风俗。

　　登高，其实是重阳节习俗。重阳节一般在寒露前后，这个时候气候宜人，很适合登山赏景。登高又含有步步高升、高寿等寓意，于是就成了寒露节气的一种习俗。登高不仅可以锻炼身体，而且可以放松心情，对抑制秋愁有很重要的作用。

　　吃花糕与登高习俗是结合在一起的，因"糕"与"高"同音，在重阳节登高之时吃点花糕，同样寓意步步高升，故又称为重阳花糕。花糕有糙花糕、细花糕、金钱花糕等种类。糙花糕的做法，是在糕点上粘些香菜叶，中间夹上青果、小枣、核桃仁等干果；细花糕，夹的果类比较讲究，主要是苹果脯、桃脯、杏脯等蜜饯干果，有的做成两层，有的做成三层；金钱花糕，与细花糕相同，只是个头如金钱一般小，多为古代富贵人家的食品。

　　饮菊花酒的习俗与登高一样被古人移至重阳节。菊花酒在古代又称为长寿酒，是由菊花、糯米加酒曲酿制而成。晋代周处《风土记》："九月九日折茱萸房以插头，言辟除恶气，而御初寒。"另外古人还在寒露这天用井水来浸造药酒和丸酒，认为喝了可以使人免受初寒引起的风邪。

　　赏红叶，是北京市民在寒露时节的一个重要传统习俗。每到深秋，如花似锦的香山红叶吸引成千上万的人去观赏游玩。到了这时，外地人也慕名而来，纷纷赶至香山欣赏层林尽染的美景。

　　吃芝麻，根据中医的说法，到了秋天人体需要养阴防燥、润肺益胃，而芝麻正好有增强脾胃、帮助消化和缓解咳嗽的作用，于是就有了寒露吃芝麻的风俗。北京有许多芝麻做的食品，如芝麻酥、芝麻绿豆糕、芝麻烧饼等，深受人们喜爱。

○ 清·恽寿平《瓯香馆写生册·菊花》

八月十九日试院梦冲卿
宋·王安石
空庭得秋长漫漫，
寒露入暮愁衣单。
喧喧人语已成市，
白日未到扶桑间。
永怀所好却成梦，
玉色仿佛开心颜。
逆知后应不复隔，
谈笑明月相与闲。

月夜梧桐叶上见寒露
唐·戴察
萧疏桐叶上，月白露初团。
滴沥清光满，荧煌素彩寒。
风摇愁玉坠，枝动惜珠干。
气冷疑秋晚，声微觉夜阑。
凝空流欲遍，润物净宜看。
莫厌窥临倦，将晞聚更难。

池上
唐·白居易
袅袅凉风动，凄凄寒露零。
兰衰花始白，荷破叶犹青。
独立栖沙鹤，双飞照水萤。
若为寥落境，仍值酒初醒。

於時九月天高露清山
空月明仰視星斗皆光大
如適在人上窗間竹數十
竿相摩戛聲切切不已梅櫻
森然離立如物怪二三子不寐遲
明皆去

石菴居士

◎ 清·刘墉《行草书宋人文句》

释文：
于时九月，天高露清，山空月明，仰视星斗皆光大，如适在人上。窗间竹数十竿相摩戛，声切切不已。梅棕森然离立如物怪，二三子不寐。迟明，皆去。

寒露农事

　　寒露是秋收、秋种、秋管的重要时期，许多农事要抓紧完成，以免误了农时。但地域不同，所忙农事亦有差别。在北方地区，主要是播种小麦、采摘棉花和收红薯等农活的收尾工作。种小麦是这时的重要工作，有的农户甚至连晚上都不休息要抓紧播好种，谚云"寒露种小麦，种一碗收一斗""晚种一天，少收一石"，播种后的田间管理也很重要，如追肥浇水，保证小麦的根系发达，能在寒冬很好地存活。棉花最怕霜冻，"寒露不摘棉，霜打莫怨天"，在霜打之前要全部收获完毕。种麦、摘棉是寒露时节最重要的农事。红薯也是如此，否则会因受冻导致"硬心"现象，降低红薯产量。

　　南方地区主要是晚稻收割和管理，单季晚稻开始成熟，需要利用好天气做到颗粒归仓。要防止晚稻受寒露风的侵害，干燥、寒冷且风劲较强的风会使双季晚稻出现大量的空粒、黑粒，民间有"人怕老来穷，禾怕寒露风"的说法，故要在寒露风来之前施农家肥增强抗风能力，还要保持田间温度。

◎ 清·焦秉贞《耕织图·稻子码垛》

霜降的到来意味着秋天即将过去，作为秋天的最后一个节气，一般在每年公历的 10 月 23 日或 24 日交节，这时太阳达到黄经 210 度。《说文解字》称："霜，露所凝也。土气津液从地而生，薄以寒气则结为霜。"说明霜是露的固体形态。一般而言，降霜需要地表温度达到 0 摄氏度以下。除此之外，降霜还需另外一个条件，就是晴天，昼夜温差要大，民间有"浓霜猛太阳"的说法，就意味着有霜即有大好晴天出现。可见，霜降并不一定降霜，只是表示气温下降明显，昼夜温差大，冷空气南下频繁，天气变冷，秋燥明显。温度低了才会出现霜，并不表示就会降霜。《易经·坤卦》称："履霜坚冰，阴始凝也。"《月令七十二候集解》说："九月中，气肃而凝露结为霜矣。"简言之，降霜和霜降是两个不同的概念。

气候学上把入秋后出现第一次霜叫早霜或初霜，把入春后最后一次霜叫作晚霜或终霜，从终霜至初霜期间统称为无霜期，霜在秋、冬、春季都会出现。在我国，不同地区的霜期不同，在青藏高原有些地方，夏天也会出现霜，每年的有霜期达到两百多天。西藏东部、青海南部、川西高原、滇西北、天山、新疆西部等地区有霜期达到一百多天。北纬 25 度以南的四川盆地有霜期仅为十天左右，两广沿海及福州等地有霜期不到一天。云南的西双版纳、海南、南海诸岛和台湾南部都没有霜期。

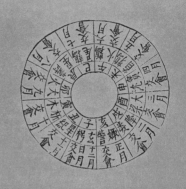

日月会辰图
（明·王鸣鹤《登坛必究》）

霜降

千林扫作一番黄

咏廿四气诗·霜降九月中
唐·元稹
风卷清云尽，空天万里霜。
野豺先祭月，仙菊遇重阳。
秋色悲疏木，鸿鸣忆故乡。
谁知一樽酒，能使百秋亡。

霜降三候

一候豺祭兽
二候草木黄落
三候蛰虫咸俯

"一候豺祭兽"，豺这种动物在霜降一候的时候开始准备过冬的食物，在吃之前将其陈列在地，犹如"祭兽"。古人将其解释为"以兽而祭天，报本也，方铺而祭，秋金之义"；也有的说是豺捕多了猎物，吃不完的就会陈列在地。

"二候草木黄落"，霜降到，百草杀，"千林扫作一番黄"，萧瑟的秋风吹黄也吹落了树叶，吹枯了草，天地之间一片萧杀的气象。

"三候蛰虫咸俯"，指的是天气渐冷，蛰虫们都躲进洞穴里过冬，进入不动不食的冬眠状态。此时的天地一片寂静，不见蜂飞蝶舞，也不见走兽飞奔，一切都处于蛰伏状态，为来年积蓄力量。

《逸周书·时训解》："豺不祭兽，爪牙不良；草木不黄落，是为愆阳；蛰虫不咸俯，民多流亡。"说的是豺不陈列鸟兽，武士们将无所作为；草木不枯黄落叶，就是阳气有差错；冬眠动物不蛰伏，老百姓会四处流浪。物候不应，定有灾殃，古人通过这样的方式告诫我们一定要顺应自然，不可狂妄自大。

霜降前四日颇寒

宋·陆游

草木初黄落，
风云屡阖开。
儿童锄麦罢，
邻里赛神回。
鹰击喜霜近，
鹳鸣知雨来。
盛衰君勿叹，
已有复燃灰。

◎ 豺狗

霜降民俗

重阳节每年或与寒露节气相重合，或与霜降节气重合，因此，与重阳节有关的赏菊、登高等习俗既可看作是寒露的习俗，也可看作霜降的民俗，因在前文已讲述赏菊和登高等习俗，在此不再重复。除此之外，霜降还有吃柿子、送芋鬼、吃鸭子、吃萝卜、吃牛肉、扫墓祭祖等习俗。

吃柿子的习俗，主要流传于产柿子的地区。柿子在霜降之后才好吃，民谚云"霜降不摘柿，硬柿变软柿"。人们认为吃柿子不仅可以御寒保暖、强筋壮骨，还可以使嘴唇在冬天不会裂开。泉州人则认为"霜降吃丁柿，不会流鼻涕"。柿子所含的维生素和糖分比一般水果高，成熟的柿子还含鞣质和果胶，有润肺化痰、生津止渴等作用，被称之为"果中圣品"。柿子虽好，但糖尿病人、脾胃不良、体弱多病者不宜，空腹也不宜食用。

送芋鬼，是广东高明等地的习俗。到了霜降，人们用瓦片或者泥块堆砌成河内塔，里面用柴火烧，等到瓦片或泥块烧红后，将塔推倒，用烧红的瓦片或泥块烫熟芋头，叫作打芋煲，最后将这些瓦片或泥土扔到村外，称作送芋鬼，人们认为这样可以避凶纳吉。

吃鸭子，闽南人认为"一年补通通，不如补霜降"，故每到霜降时节，闽南人就会家家户户购买鸭子来吃。

吃萝卜与拔萝卜是山东等地的习俗，当地俗云"处暑高粱，白露谷，霜降到了拔萝卜""秋后萝卜赛人参"。萝卜也被当地人看作是秋冬的看家菜。

吃牛肉的习俗在很多地方流传，尤以广西玉林等地吃法最为讲究。当地人习惯在霜降这天早餐吃牛河炒粉，午餐或晚餐吃牛肉炒萝卜或牛腩煲。人们认为吃了既可补充能量，又能使身体暖和强健，这是霜降进补特色之一。其他地方有煲羊头、煲羊肉、迎霜兔肉等进补民俗。民间认为"补冬不如补霜降"，故有如此多的进补方式。

扫墓祭祖，是古时的习俗，现在较少见，与寒食节祭祖相似。乾隆年间的《钦定大清通礼》就有记载："岁寒食或霜降节，拜埽圹茔，其日主人夙兴率子弟素服诣坟茔，执事者具酒馔，仆人备芟剪草木之器从，既至，主人周视封树，仆人剪除荆草，讫以次序立墓前，焚香供酒馔再拜，在列者皆再拜，兴遂祭土神，陈馔墓左，上香酹酒，主人以下序立，再拜，退。"

霜降农事

　　霜降时节，因为纬度不同，南北方的农事活动也存在差别，很多农谚都极具地域特色，不可通用。这个时候黄河以北地区，如东北北部、内蒙古东西部平均气温都在 10 摄氏度以下，土壤冻结，农作物停止生长；长江中下游及江南地区则充满着一定的生气。故在此时，北方大部分地区都处于秋季农事收尾阶段，华北地区的大白菜即将收获。长江中下游地区及长江以南则处于冬小麦和油菜的幼苗固定期，中耕除草、蚜虫防治期。南方还是晚稻收割期，红薯的收获也很重要，必须在霜冻前收回入窖，以免受冻不耐收藏。

　　或许用几句农谚能很好地总结这个时候的农事安排。

　　江淮地区："霜降始霜在北方，长江流域暖洋洋。抢收脱粒快归仓，适期播栽好时光。"黄淮地区："霜降前后始降霜，晚茬晚播种麦忙。早播小麦快查补，保证苗全齐又壮。"江南、华南地区："霜降结冰又结霜，抓紧秋翻蓄好墒。冷冻日消灌冬水，脱粒晒谷修粮仓。"

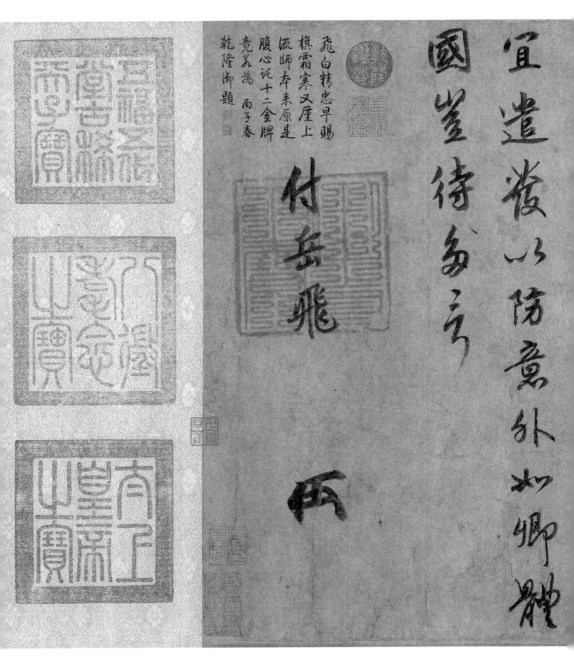

宜遣发以防意外如卿体

国鉴待卿言

飞白精忠早赐
樵霜寒又历上
流师本来原是
腹心记十二金牌
竟莫为 丙子春
乾隆御题

付岳飞

◎ 宋·赵构《付岳飞书》

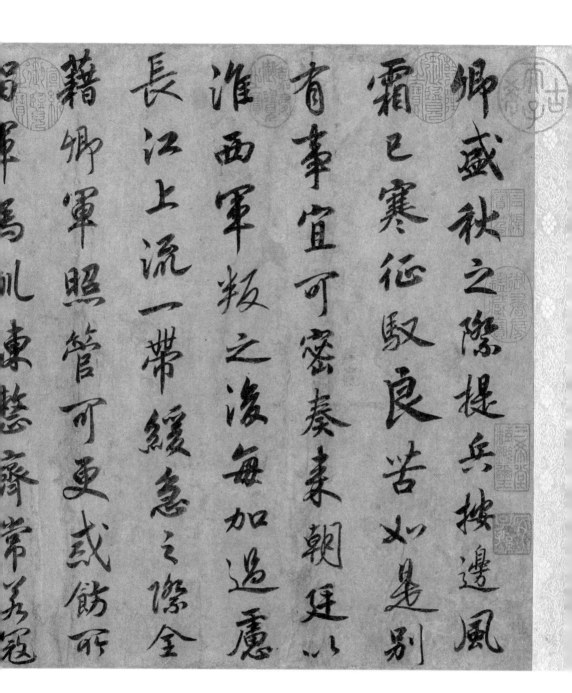

释文：

卿盛秋之际，提兵按边，风霜已寒，征驭良苦。如是别有事宜，可密奏来。朝廷以淮西军叛之后，每加过虑。长江上流一带，缓急之际，全藉卿军照管。可更戒饬所留军马，训练整齐，常若寇至，蕲阳、江州两处水军，亦宜遣发，以防意外。如卿体国，岂待多言。

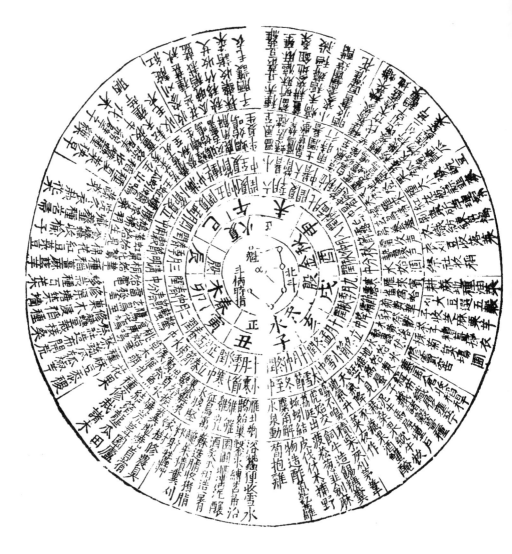

授时图
（明·冯应京《月令广义》）

冬

立冬
斗指乾（西北），太阳黄经为225度，一般11月7日至8日交节，干支历亥月起始。

小雪
斗指亥，太阳黄经为240度，一般11月22日或23日交节。

大雪
斗指壬，太阳黄经为255度，一般12月6日至8日交节，干支历子月起始。

冬至
斗指子，太阳黄经为270度，一般12月21日至23日交节。

小寒
斗指癸，太阳黄经为285度，一般1月5日至7日交节，干支历丑月起始。

大寒
斗指丑，太阳黄经为300度，一般1月19日至21日交节。

作为"四时八节"之一的立冬，一般在公历11月7日至8日之间交节，这时太阳到达黄经225度。《月令七十二候集解》称："冬，终也，万物收藏也。""冬"就是终结，指一年的最后一个季节。有学者研究认为"冬"就像在一根线的两端打了个结，从字的形上理解，就是从"夂（zhǐ）"，是到的意思；从"仌（bīng）"，冻也，象水凝之形。"立冬之日，水始冰，又五日，地始冻"，立冬意味着冬天的开始，所有秋季作物全部收藏入库，冬眠动物也躲起来过冬。

气候学上不是以立冬作为冬季的开始，而是以气温来划定冬季，只有连续五天的日平均气温低于10摄氏度，才进入冬天。尽管如此，立冬这一节气意味着雨量、气温等都由秋季向冬季过渡。具体而言，立冬之后，少雨干燥的秋燥天气逐渐转变为阴雨寒冻的天气。在北方，由于冷空气的影响，立冬前就已经进入寒气逼人的冬季了，青藏高原、黑龙江、内蒙古等地的平均气温已经降至零下10摄氏度左右；南方则由于地表还存有一定的热量，气温虽逐渐下降，但还不是很冷，在没有寒风肆虐的时候，甚至还会出现温暖舒适的"小阳春"天气，故民间有"八月暖九月温，十月还有小阳春"的谚语；长江以南地区甚至要到11月底才感受到冬季的味道，珠三角地区到了12月依然很温暖。

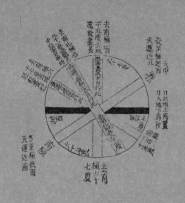

日月行冬夏图
（宋·杨甲《六经图考》）

立冬

繁华落尽思修身

咏廿四气诗·立冬十月节

唐·元稹

霜降向人寒，轻冰渌水漫。

蟾将纤影出，雁带几行残。

田种收藏了，衣裘制造看。

野鸡投水日，化蜃不将难。

清·石涛《渊明诗意册页》之四

立冬三候

一候水始冰
二候地始冻
三候雉入大水为蜃

　　"一候水始冰"，立冬第一个五天，水面开始结冰，但只是"水面初凝，未至于坚也"。

　　"二候地始冻"，到了第二个五天，土地开始冻结，但"土气凝寒，未至于坼"。

　　"三候雉入大水为蜃"，到了第三个五天，野鸡之类的大鸟潜入水中化成大蛤。对于"蜃"，有的解释成蚌，有的解释成大蛤。实际上，立冬之后，野鸡一类的大鸟不多见，而海边却出现了外壳条纹和野鸡线条相似的大蛤，古人就误认为是野鸡变成大蛤了，这与寒露第二候"雀入大水为蛤"是一样的。

　　《逸周书·时训解》："水不冰，是谓阴负地；不始冻，咎征之咎；雉不入大水，国多淫妇。"水面不结冰，说明阴气不足；地面不封冻，社会会出现灾祸；野鸡不入大海化为大蛤，国家会出现许多淫妇。前两个有一定的道理，水面不结冰确实是气温不够低所致；地面不封冻，地里的害虫没有被冻死，会影响来年土地的收成，在农业经济时代确实会引起社会动荡，人心不稳。而第三个明显为附会。

立冬

唐·李白

冻笔新诗懒写，
寒炉美酒时温。
醉看墨花月白，
恍疑雪满前村。

◎ 雉入大水为蜃
（清·聂璜《海错图》）

立冬民俗

在古代，立冬是一个十分重要的节日，皇宫还专门设有迎冬仪式，并且十分隆重。在立冬前三天，太史官上报天子立冬日期，天子就开始斋戒沐浴，以示恭敬。立冬日，天子率领文武百官到北郊六里外迎冬，并赐群臣冬衣，天子还要在这天对为国捐躯的战士们及其家属进行抚恤和表彰，以鼓励民众保卫疆土，如《吕氏春秋·孟冬纪》称："立冬之日，天子亲率三公九卿大夫以迎冬于北郊。还，乃赏死事，恤孤寡。"在古代民间还有祭祖、宴饮、卜岁等习俗，既有向天地、神灵、祖先表示感谢之意，祈求来年丰收，又有对自己辛劳一年的犒赏之意。古时的这些风俗有的已经不再流传，有的则换成了新的形式。现在比较常见的民俗主要有贺冬、暖炉会、补冬、吃羊肉、吃饺子、吃甘蔗、炒香饭、修农具、制肥料等。

贺冬，自汉代开始就有，又称为拜冬。东汉崔寔《四民月令》："进酒肴，及谒贺君师耆老，如正旦。"说的是准备好酒好菜拜谒长辈师长。宋代每到立冬之日就人人换好新衣，互相祝贺。到了清代，从朝廷到民间都很重视立冬，士大夫家拜贺尊长，一般百姓更换新衣互贺。到了近代，仪式逐渐简化和固定化，主要是拜师和办冬学等活动。现代依然有贺冬的习俗，但方式有所改变，很多地方如黑龙江、河南、湖北等地的人们在立冬日用冬泳的方式来贺冬。

暖炉会，是民间每到立冬设炉烧炭的习俗。这个习俗虽然在唐代已有雏形，但真正意义上的暖炉会在宋代才形成，并逐渐成为大众化的一个节日。孟元老《东京梦华录》记载："十月一日……有司进暖炉炭，民间皆置酒作暖炉会也。"暖炉可以烤大块的肉，大家围着火炉边吃边喝。旧时北京在十月初一烧暖炕、设围炉，暖炉一般由耐热物质砌成，后来一般用薄铁做暖炉，利于传热。现在北方一般有暖气供应，工作节奏加快，暖炉会在城市里很少见，

宋·刘松年《四景山水图·冬》

在农村偶尔可以见到；南方由于没有暖气，立冬之后天气变冷，烧炉烤火很常见，江苏昆山、安徽太平、湖北钟祥等地就有吃糕饼饮酒的暖炉会。

补冬，立冬过后，冬季来临，草木凋零，万物休养生息，对人而言，虽无冬眠，但也要顺应节气之变化，于是民间就有了补冬的习俗。俗云"立冬补冬，补嘴空"，人们补冬主要是食用一些热量较高、滋阴补阳、可以驱寒的食物，如南方人就喜欢在立冬之后吃鸡鸭鱼等；台湾人会炖麻油鸡、四物鸡（四物即当归、川芎、白芍、熟地）；无锡人则吃用豆沙、萝卜、猪油、酱油等做馅的团子，俗称"吃团子"。

吃羊肉的习俗流传已久，人们认为羊肉补虚，能御寒益气，且深秋之后的羊肉味道鲜美，我国除了常年吃羊肉的地方如内蒙古、西藏、新疆等地，其他诸多地区在立冬之后开始吃羊肉，一直到立春为止。

吃饺子，在北方比较流行，据说起源于"交子之时"的说法，古时在旧年与新年之交、秋冬季节之交必须吃饺子，民谚云"立冬不端饺子碗，冻掉耳朵没人管"。饺子原名叫"娇耳"，传说是张仲景发明的，故有"祛寒娇耳汤"的故事，吃了之后可以御寒。相传在唐代以前，饺子与现在的馄饨差不多，那时的饺子就是"馄饨"，是煮熟之后和汤一起吃的，后来才有了今天饺子各种各样的吃法。"馄饨"与混沌音相近，立冬吃饺子有象征咬破混沌天地，迎接新生的意思。

吃甘蔗、炒香饭，是潮汕地区的习俗，立冬吃甘蔗能保护牙齿，还能滋补身体，故有"立冬食蔗不会齿痛"的说法；香饭是用莲子、板栗、虾仁、红萝卜、蘑菇与大米煮成，吃了有增强体质、抵御寒冷的作用。

修农具和制肥料，农家在秋季作物收获之后，会利用空闲时间修理农具、制造肥料。《礼记·月令》中说："命农计耦耕事，修耒耜（lěisì），具田器。"冬天枯枝败叶很多，农人将其收拾起来，制造来年春耕的肥料。

除了上述习俗外，有些地方还有在立冬这一天给祖先准备衣裳的"送寒衣"习俗，给在世的人准备冬衣的习俗，等等。

立冬农事

　　立冬时节气温下降，但我国纬度跨度大，从北到南的农事活动也就各有不同。东北地区大地已经封冻，农作物进入过冬期，农事基本上休止。华北和黄淮地区日平均气温已降到 4 摄氏度左右，夜晚封冻，白天解冻，要抓紧时机浇好小麦、瓜果、蔬菜的冬水，提高田间温度，预防"旱助寒威"，防止冻害发生。江南和华南地区气温较高，有"小阳春"出现，"立冬种麦正当时"，要抓紧时间种晚茬冬麦，移栽油菜，还要搞好清沟排水工作，开好田间"丰产沟"，防止冬季涝渍和冰冻危害。

立冬即事

宋至元·仇远

细雨生寒未有霜，
庭前木叶半青黄。
小春此去无多日，
何处梅花一绽香。

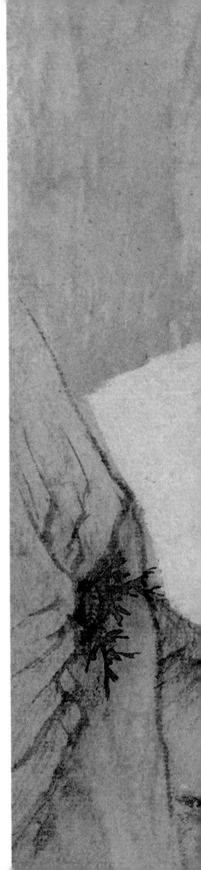

◎ 清·石涛《山水册》之一

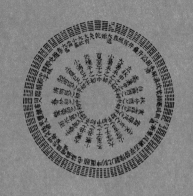

先天六十四卦分二十四气图
（清·李光地《月令辑要》）

小雪

一片飞来一片寒

作为节气的小雪，与我们日常天气预报中的小雪是两个概念，小雪节气说的是气候特征，后者则是指下雪很小。一般而言，下雪时水平能见度等于或大于 1000 米、24 小时降雪量在 0.1—2.4 毫米之间、地面积雪深度在 3 厘米以下的降雪为小雪，与小雪节气没有必然的联系。小雪节气是二十四节气中的第二十个节气，一般在每年公历的 11 月 22 日或 23 日交节，此时太阳达到黄经 240 度，受西伯利亚高压的影响，大规模冷空气南下，寒潮频繁出现，我国东部会出现大范围降温天气，但受全球气候变暖的影响，南方部分地区降雪不多或稍晚，北方则进入冰封千里的季节。古人的观察很细微，描述很准确。《月令七十二候集解》："十月中，雨下而为寒气所薄，故凝而为雪。小者未盛之辞。"可见，这个时候气温下降，雨在空中凝结成雪花，意味着开始下雪；另外这个时候还没有冷到极点，下的雪不大。从这个角度来说，小雪这一节气反映了降雪的程度。

咏廿四气诗·小雪十月中
唐·元稹

莫怪虹无影，如今小雪时。
阴阳依上下，寒暑喜分离。
满月光天汉，长风响树枝。
横琴对渌醑，犹自敛愁眉。

小雪三候

一候虹藏不见
二候天气上升，地气下降
三候闭塞而成冬

"一候虹藏不见"，一候雨后看不见彩虹，古人认为阴阳交才有虹，此时阴胜阳，彩虹就藏匿起来，要到"季春阳胜阴"才能见到虹。

"二候天气上升，地气下降"，古人认为这个时候天空中的阳气上升，地中的阴气下降，天地阴阳各正其位，不交不通。就像《易经·否卦》所说的"天地不交而万物不通也""天地不交，否。君子以俭德辟难，不可荣以禄"。

"三候闭塞而成冬"，万物停止生长，失去生机，天地闭塞成冬。

《逸周书·时训解》："虹不藏，妇不专一；天气不上腾，地气不下降，君臣相嫉；不闭塞而成冬，母后淫佚。"说的是该出现的物候没有出现，则会出现妻子不忠于丈夫、君臣之间相互憎恨、国内淫乱放荡的现象。自然环境与气候变化确实会影响到人类社会，出现各种问题，但是上述三种情况都是附会。尽管如此，这些说法却也给今人提了个醒，人要尊重自然，善待自然，否则会给人类社会带来毁灭性的灾害。现在全球气候变暖，生态环境不断恶化，物种在以惊人的速度灭绝，无不给人以警醒。

和萧郎中小雪日作

五代至宋·徐铉

征西府里日西斜，
独试新炉自煮茶。
篱菊尽来低覆水，
塞鸿飞去远连霞。
寂寥小雪闲中过，
斑驳轻霜鬓上加。
算得流年无奈处，
莫将诗句祝苍华。

◎ 清 · 王翚《仿古山水 · 山庄雪霁》

小雪民俗

冬季主藏，人要进补。所以，小雪的民俗大部分与吃补有关，主要有腌腊肉、吃糍粑、晒鱼干、刨汤肉等。

腌腊肉，在我国南北很多地方都有。古时人们没有冰箱等保鲜工具，将各种食品腌制进行保存就成了最常见的方法。小雪时节，气温下降，天气干燥，是腌制各种食物的好时候。故每逢小雪过后，人们将宰杀的猪羊用盐、花椒等调料腌渍好，或放在柴火上用烟火慢慢熏烤，或挂在通风的房梁上风干，储存起来等到春节时候再享用或待客。这种风俗现在很多地方都有，有的还将其作为特色农产品进行销售。

吃糍粑，是南方某些地方的风俗，俗云"十月朝，糍粑禄禄烧"。糍粑，据说是古代用来祭祀牛神的，即把糯米蒸熟后用杵捣烂，用手揉成直径约十厘米的饼状物，经过风干之后进行储藏，吃法有烤、煎、煮等。吃糍粑有讲究，一要热，凉了就咬不动了；二要玩，糍粑拿到手上后可以扭转成各种形状，还可拉丝；三要斗，小孩子们互相比较自家糍粑的形、香、味，极富趣味。

晒鱼干，是台湾中南部沿海一带的习俗。这些地方的渔民在小雪时候开始晒鱼干。由于此时正是乌鱼、旗鱼等鱼类聚集到台湾海峡的时候，渔民选取个大肥美的鱼，将其肉割成块状进行晾晒。

刨汤肉，是土家族的习俗。小雪前后土家族迎来一年一度"杀年猪、迎新年"的民俗活动。主家选好黄道吉日，邀请亲朋好友过来帮忙杀猪之后，东家做一锅猪肉烩菜，备好酒，与大家一起聚餐，有团结、和睦、万事兴旺的寓意。现在有些地方的土家族还将其作为一个吸引游客的亮点，2017年12月，湖北恩施曾举办了一个土家族的刨汤民俗文化艺术节，被WRCA（世界纪录认证）组织认证为"参与人数最多的刨汤宴"。

◉ 宋·李嵩（款）《花篮图·冬》

小雪农事

民谚云："小雪到了天气冷，晒晒太阳猫猫冬。"意味着这时农事活动较少，即使出了太阳大家也没事干。这明显是对北方而言，东北地区在小雪初期土壤冻结就已达十厘米，并随着气温的进一步降低，几乎以每天一厘米的速度继续冻结，到了小雪节气末期，土地一般冻结一米多。旧时人们除了"小雪到，睡懒觉""小雪小雪，暖暖被窝"外，确实无事可干。但现在则可以在家创业，如织柳编和草编。农家也会在小雪时节做好储藏白菜的准备，对果树进行修剪。南方地区主要是做好小麦和大麦的播种和田间管理工作，播种要在小雪后五天内完成，并充分利用这时气温尚高、日照较强对麦田进行施肥，促进麦苗出苗。

清·王翚《仿古山水·寒林古岸》

◎ 明·文徵明《雪诗卷行草书》（局部）

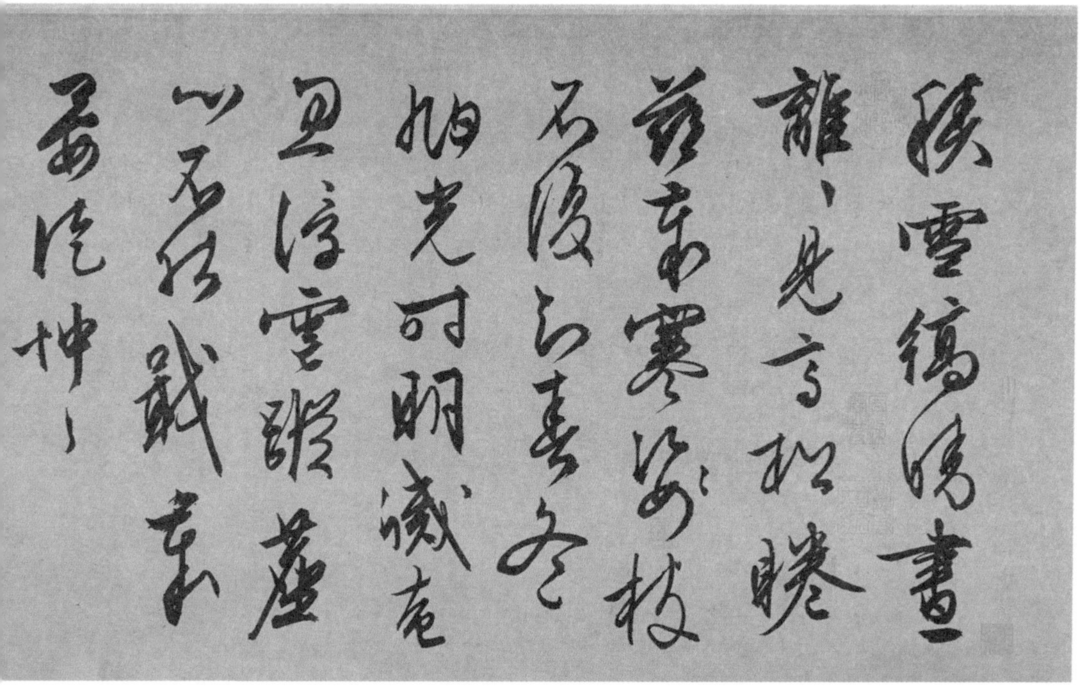

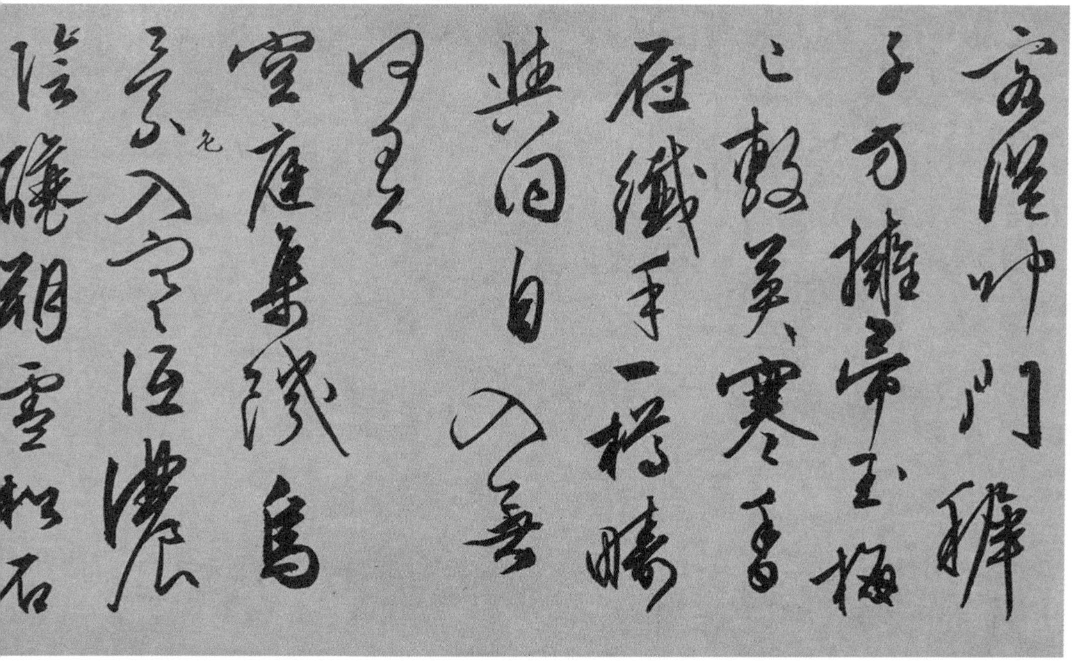

每年公历 12 月 7 日左右，太阳达到黄经 255 度，便是大雪节气。《月令七十二候集解》："大雪，十一月节，大者，盛也。至此而雪盛也。"大雪与小雪一样是反映降雪情况的节气，既意味着天气越来越冷，也表示降雪量逐渐增多。全年雪下得最大的往往不是在大雪节气期间，而是在雨水节气，因为初春时候南方暖气流活跃，与北方冷气流形成对峙，冷暖气流相遇时，暖气流爬升期间逐渐冷凝会形成大雪天气，在黄河中下游地区比较明显。

大雪的气候特征就是气温降低、下雨或下雪。此时，北方大部分地区的平均温度在零下 20 摄氏度至零下 5 摄氏度之间，会在较大范围或局部范围内出现大雪天气；南方一般在这时不会降雪，但气温较低，寒气逼人，正式进入隆冬季节。另外冻雨、雾凇、雾霾等天气也是大雪时节比较常见的天气现象。民间有"瑞雪兆丰年"的说法，因为雪对农作物的帮助很大，一是可以起到保温作用，雪覆盖在地面像给大地盖上一床大棉被，可以提高地温，防止春旱，有助于小麦返青；二是雪中含有大量氮化物，可增加土壤肥力；三是雪可冻死土地中的害虫；四是雪可给土地增加水分，为冬季作物的生长提供保障。另外，雪对自然界还有净化作用，可减少空气中的尘埃，为人类生活提供清新的空气。当然如果雪太大的话，也会给人们和农业生产对来危害。

五声八音协分八方八风图
〔清·李光地《月令辑要》〕

大雪

白雪纷纷何所似

咏廿四气诗·大雪十一月节

唐·元稹

积阴成大雪，看处乱霏霏。

玉管鸣寒夜，披书晓绛帷。

黄钟随气改，鹙鸟不鸣时。

何限苍生类，依依惜暮晖。

清·王时敏《杜甫诗意图册》之四

大雪三候

"一候鹖（hé）旦不鸣"，鹖旦即大家熟悉的寒号鸟，是一种夜鸣求旦的动物。到了大雪的第一个五天，因天气寒冷，寒号鸟不叫了。但实际上，寒号鸟并不是鸟类，其学名叫复齿鼯鼠，体型与松鼠相似，生活习性与蝙蝠相仿，前后肢之间有一层习膜，展开后可以在林间滑翔。元末明初陶宗仪《南村辍耕录》卷十五："五台山有鸟，名寒号虫，四足，有肉翅，不能飞，其粪即五灵脂。当盛暑时，文采绚烂，乃自鸣曰：'凤凰不如我。'比至深冬严寒之际，毛羽脱落，索然如雏，遂自鸣曰：'得过且过。'"在这里，寒号鸟是得过且过的象征。后来一篇著名的文章叫《寒号鸟》就是从此篇改编而来，将寒号鸟描绘成一种懒惰的、最后被活活冻死的动物。其实寒号鸟是一种很爱清洁的动物，不吃污染的食物，"洗手间"和"居室"都是分开的。

"二候虎始交"，人们认为大雪二候时，阳气开始萌动，老虎感受到之后开始求偶交配。老虎的发情期比较长，从11月一直到来年的2月，并且发情的时候声音特别大，据说能达两千米远。

"三候荔挺出"，到了后五天，荔挺开始发芽，并从覆盖的大雪当中长出来。荔挺又叫马蔺草、马兰花、马莲、旱蒲、马帚、铁扫帚等。《说文解字》中解释为："荔似蒲而小，根可为刷。"段玉裁注道："今北方束其根以刮锅。"说的是荔挺根系发达，可以用来做刷锅的

逢雪宿芙蓉山主人

唐·刘长卿

日暮苍山远，
天寒白屋贫。
柴门闻犬吠，
风雪夜归人。

夜雪

唐·白居易

已讶衾枕冷，
复见窗户明。
夜深知雪重，
时闻折竹声。

工具。有学者认为荔挺就是马蔺草，与乌拉草和巴拿马草并称为世界"三棵宝草"。

《逸周书·时训解》："鸣鸟犹鸣，国有讹言；虎不始交，将帅不和；荔挺不生，卿士专权。"说的是如果寒号鸟还在啼叫，国内会有妖言惑众；老虎不交配，将帅不和；荔挺不长出来，臣子们会专权欺上。人们认为该闭嘴的不闭嘴，意味着谣言、妖言四起。老虎在古代象征英勇善战的军人，兵符被称为虎符，人们认为老虎不交配，意味着军人之间沟通出了问题。最后一种现象的出现可能是荔挺因为水分不足而无法长出，故《颜氏家训·书证》说："荔挺不出，则国多火灾。"干旱会导致火灾，也会导致在管理当中出现臣子专权现象。

◎ 清·佚名《兽谱·鼺鼠》

大雪民俗

　　相对而言，大雪的民俗活动较少，主要有腌肉、观赏封河、进补等。

　　腌肉，南京等地有"小雪腌菜，大雪腌肉"的说法。腌肉的过程比较复杂，先将盐、八角、桂皮、花椒、白糖等炒熟，待作料凉透后将它们抹在各种肉的内外，并反复揉搓，使肉入味变色。然后把肉和盐放在缸内用石头压半个月，再把腌出的卤汁加水烧开，撇去浮沫，把肉放进去腌制十天后取出晾干。整个过程耗时近一个月，腌好的肉也正好可做迎接新年的食物。

　　观赏封河，是北方的习俗，"小雪封地，大雪封河"，大雪时节的北方，正是"千里冰封"的时候，人们不仅可以在雪地上玩耍，也可以在冰面上滑冰嬉戏。冰封的大河给人一种时间静止的感觉，对人们忙碌的生活是一种很好的调节。

　　进补对人而言，是冬季的主题，大雪时节也是如此。因此留下了许多谚语，如"冬天进补，开春打虎""冬天羊肉进补，可以上山打虎"等。冬天进补能提高人体免疫力，促进新陈代谢，改善体质，增加耐寒能力，"三九补一冬，来年无病痛"。冬季进补应选取富含蛋白质、维生素和易于消化的食物。

大雪农事

雪诗

唐·张孜

长安大雪天，鸟雀难相觅。

其中豪贵家，捣椒泥四壁。

到处燕红炉，周回下罗幂。

暖手调金丝，蘸甲斟琼液。

醉唱玉尘飞，困融香汗滴。

岂知饥寒人，手脚生皴劈。

临清大雪

清·吴伟业

白头风雪上长安，裋褐疲驴帽带宽。

辜负故园梅树好，南枝开放北枝寒。

大雪时候的农事相对比较轻松，江淮及以南地区主要是加强小麦、油菜等农作物的田间管理，增温保墒、清沟排水、追施肥料等。华南和西南地区主要做好小麦分蘖期的施肥和排水工作。贮藏有蔬菜和薯类的农户要适时检查窖藏温度，如果温度过高，就要开门透气，在不受冻害的前提下保持低温。果树做好修剪和越冬管理，牲畜的保暖和饲养工作也不能放松。

◊ 清·张为邦、姚文瀚《冰嬉图》（局部）

冬至在中国传统文化中是个很特别的文化符号，它既是节气，也是传统节日。交节的时间一般在公历 12 月 21 日至 23 日间，太阳到达黄经 270 度，太阳几乎直射南回归线，过了这一天，太阳直射点不再往南，而是向北半球移动。故北半球各地这一天白昼最短、黑夜最长，纬度越高，白昼越短，北极圈以内是极夜。古人将这一天称作"日短"或"日短至"，冬至节日仅次于过年，被称为"亚岁"或"小年"，又叫"冬节"。《月令七十二候集解》："冬至，十一月中，终藏之气，至此而极也。"南朝梁崔灵恩的《三礼义宗》："（冬至）有三义：一者阴极之至，二者阳气始至，三者日行南至，故谓为至。"

就气候而言，冬至虽然是"阴之极"，但并不是一年当中最冷的时候，因为这时地面的温度并没有散失完毕，冬至后还将有一段时间的降温。因此，民间将冬至当作"三九"的起始日，冬至后面才是"数九寒天"。冬至起天文学上的冬天才真正到来，这时北方大部分气温才普遍低于 0 摄氏度，不管是东北还是黄淮地区都是银装素裹；南方大部分地区的气温一般在 6—8 摄氏度左右，华南沿海气温稍高，在 10 摄氏度以上。

太岁天干释名图
（清·李光地《月令辑要》）

冬至

冬至阳生春又来

咏廿四气诗·冬至十一月中

唐·元稹

二气俱生处，周家正立年。
岁星瞻北极，舜日照南天。
拜庆朝金殿，欢娱列绮筵。
万邦歌有道，谁敢动征边？

冬至三候

"一候蚯蚓结"，《月令七十二候集解》："六阴寒极之时，蚯蚓交相结而如绳也。"古人认为蚯蚓是阴曲阳伸的动物，虽然"冬至一阳生"，但这时仍是阴气强盛时期，蚯蚓依然像绳子一样盘曲着。

"二候麋角解"，古人认为麋、鹿虽同为一科动物，但麋主要生活在水泽之中，故属阴，其角和水牛一样是往后生的，冬至日一阳生，麋感受到阴气渐退阳气渐生，头角就自动脱落。鹿属阳，解角的时间则在夏至，前文已有述说。

"三候水泉动"，古人认为，此时阳气初生，而"水者，天一之阳所生"，故此时山中的泉水开始萌动温热。

《逸周书·时训解》："蚯蚓不结，君政不行；麋角不解，兵甲不藏；水泉不动，阴不承阳。"在古人看来，一切气候反常都会影响人类社会的正常生活，如果蚯蚓不盘结，那么国君所颁布的政令可能行不通；如果麋的角不脱落，那么兵甲将不能收藏；如果地下的水泉不涌动了，那就是阴气没有阳气来承接。这说明了古人将自身的生活与自然紧密挂起钩来，也说明了古人对自然的敬畏，认为人与自然要和谐共生。

冬至

唐·杜甫

年年至日长为客，
忽忽穷愁泥杀人。
江上形容吾独老，
天边风俗自相亲。
杖藜雪后临丹壑，
鸣玉朝来散紫宸。
心折此时无一寸，
路迷何处见三秦。

◎ 麋鹿

冬至民俗

先秦将冬至作为岁首，现在的苗族历法还将其作为新年的开始。汉以后，将冬至确定为"冬节"，朝廷要举行隆重的祝贺仪式，给百官放假，军队休息，商旅停业，比春节还要重视。到了宋代，冬至时节，天子要去郊外祭天，民间要祭祖。《东京梦华录》："十一月冬至，京师最重此节，虽至贫者，一年之间，积累假借，至此日更易新衣，备办饮食，享祀先祖。官放关扑，庆贺往来，一如年节。"到了清代，《清嘉录》中有"冬至大如年"的记载，既说明冬至与年关很近，又说明了冬至节的重要性。

作为节气和节日合一的冬至，其习俗自然少不了，很多都是古时习俗的沿袭，如祭祖、吃饺子、吃汤圆、喝羊肉汤、吃赤豆糯米饭、吃番薯汤果、喝冬酿酒，等等。

祭祖，在南方沿海一带比较常见。每到冬至日，家家户户在正厅供好先祖画像和牌位，摆好供桌，放置香炉和各种供品，然后进行祭拜。有的地方在祭拜祖先之后还要扫墓，如福建莆田、安溪等地就流行在冬至扫墓。有的地方也在祭祖的时候祭祀神灵，祈求来年顺利平安。台湾地区的冬至祭祖很隆重，至今还保留着用九层糕祭祖的传统，同宗族的人在冬至或冬至日前后的早上一起到祖祠祭拜祖先，称为祭祖或祭祖祠。祭祀完后大摆宴席，宴请各方来的同族宗亲，以此联络感情，故又称为"食祖"。

吃饺子，是北方冬至这一天比较普遍的习俗，比立冬日吃饺子流传更广，民谚云"十月一，冬至到，家家户户吃水饺"。

吃汤圆，在明清时候就已经成为南方冬至的一种风俗，古诗中有"家家捣米做汤圆，知是明朝冬至天"的记载。汤圆是用糯米粉做成的圆形甜品，"圆"就是团团圆圆的意思，故又叫"冬至团"。古人认为到了冬至这一天，外出的人必须赶回家祭拜祖宗，否则就是"冬节没返没祖宗"。潮汕地区和

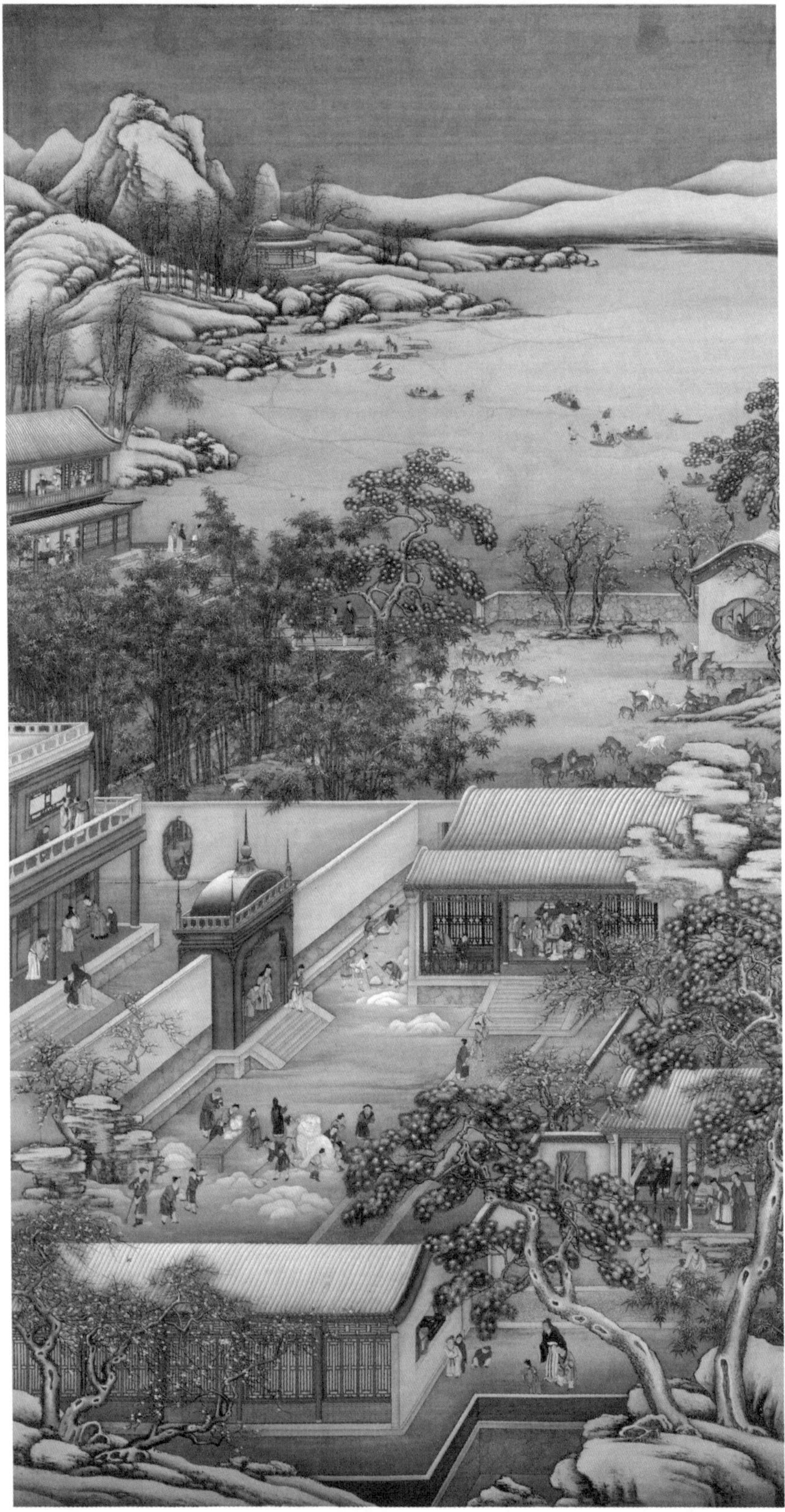

◁ 清院本《雍正十二月行乐图轴·腊月赏雪》

台湾等地也把汤圆称作"冬节圆"或"圆仔"，有甜咸、大小之分，大的如鸡蛋，称"圆仔母"。祭祀完后，大家一起食用，叫作"添岁"。吃完后，还要将小汤圆粘在家宅的门、窗、桌、椅、床等处，有的连畜栏、水井、牛角、果树等处都粘，有祈求家中"出好丁"之意，有为新妇生子祈祷的寓意。台湾学者林再复在《闽南人》一书写道："家家户户清晨要以冬至圆仔致祭祖先……从大门、小门、窗门、仓门、床、柜、桌、井、厕、牛舍、猪舍都得以冬至圆一二粒在上面，祭告一番，以求保佑一家大小平安。"

喝羊肉汤，是山东滕州一带的风俗。滕州羊肉汤先是将羊骨头放在大锅里熬汤，然后将新鲜的羊肉和羊杂放入锅中一起煮，煮熟之后捞出沥干，切成小片，再放到开水里余一下，加入羊汤水，撒上葱花和调料。滕州人除了喝羊肉汤之外，在冬至节前还要给长辈送羊肉等礼品。

吃赤豆糯米饭，是江南一带的习俗。相传，赤豆可以驱避疫鬼，人们为了防止共工氏变成的疫鬼伤害百姓，故在冬至这一天吃赤豆糯米饭防灾祛病。做法很讲究，先将赤豆煮至八成熟捞出，然后将糯米用煮过赤豆的水浸泡一晚，第二天将赤豆和糯米搅拌均匀后用蒸屉蒸熟。

吃番薯汤果，是宁波等地的传统习俗。宁波人认为"番""翻"同音，吃了番薯就意味着过去一年的霉运全部"翻"过去了。汤果与汤圆相似，个头较小，没有馅，又叫圆子，寓意团圆、圆满。宁波人在做番薯汤果的时候习惯加入"浆板"，就是酒酿，宁波话"浆"与"涨"同音，有"财运高涨""福气高涨"的寓意在其中。

喝冬酿酒，是姑苏人的冬至习俗。冬酿酒又叫冬阳酒，冬阳酒的名称源于冬至后阳气上升，冬酿酒的名称则来自清代苏州人蔡云《吴歈（shè）百绝》诗："冬酿名高十月白，请看柴帚挂当檐。一时佐酒论风味，不爱团脐只爱尖。"每到冬至夜，姑苏人就要喝冬酿酒，喝酒的时候还配上卤牛肉、卤羊肉等各种卤菜。

除了上述习俗外，其他各地还有各种各样的饮食习俗，如台州擂圆、合肥南瓜饼、江西麻糍、合肥冬至面等。

冬至农事

    冬至时候的主要农事是兴修水利、积肥造肥、做好防冻工作等。江南地区加强冬季作物的管理，做好清沟排水、培土壅根等工作，还要搞好良种串换调剂、棉种冷冻和室内选种。增强土壤的蓄水保水能力，消灭越冬害虫。南部沿海地区要未雨绸缪，做好水稻秧苗的御寒工作。越冬蔬菜要施薄粪水、盖草保温防冻，特别要加强苗床的越冬管理。家禽家畜的防寒工作、饲料供给要做好等。

冬至日独游吉祥寺

宋·苏轼

井底微阳回未回，

萧萧寒雨湿枯荄。

何人更似苏夫子，

不是花时肯独来。

◎ 清·王翚《仿古山水·寒林古岸》

微有振矜而救之也九國之故日行之至
志半九十里言晚節末路之難也

僕射相一行...軍政...
寧相一行...僕射�...
而不能為也僕射提寺行香僕射拍

座州縣軍城之禮...僕射...
僕射樣貴張目見尤...

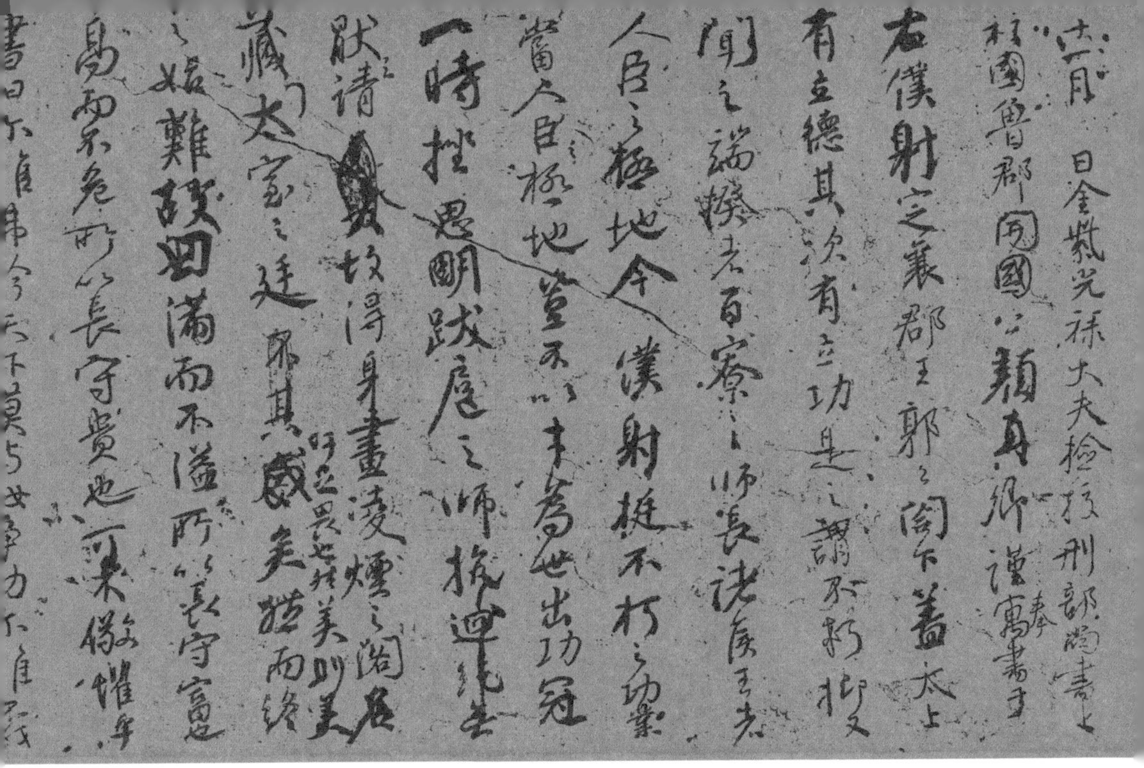

唐・颜真卿《争座位帖》（局部）

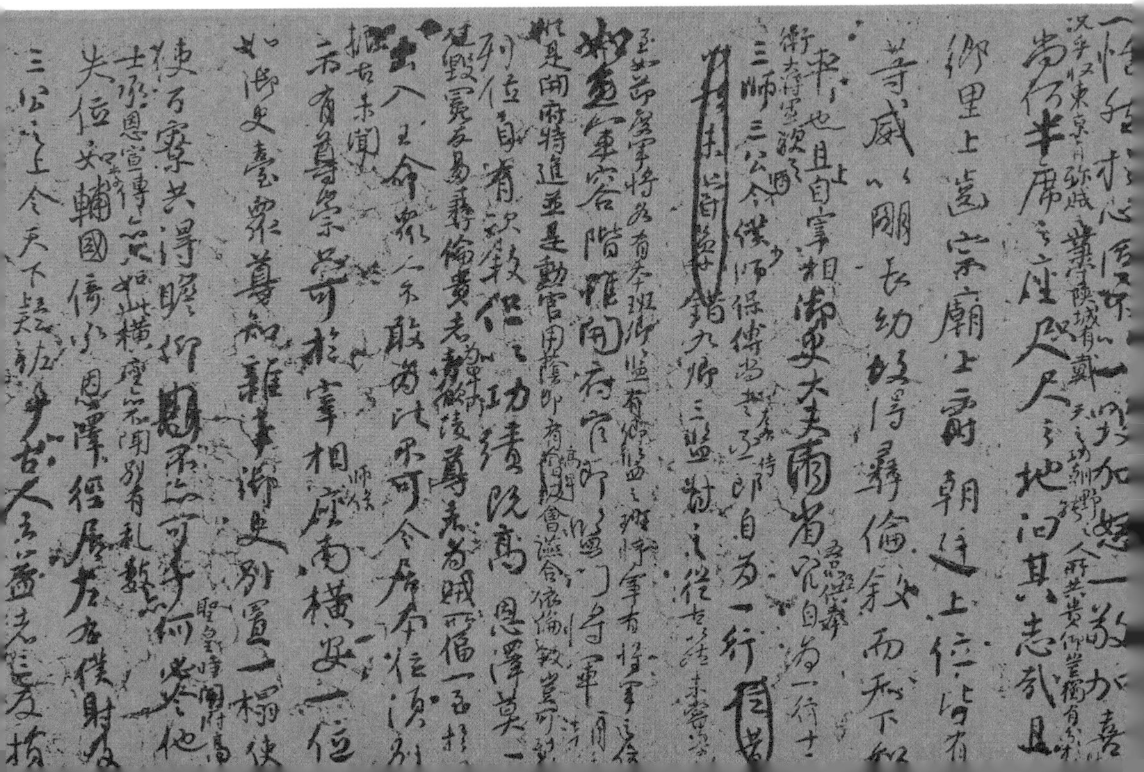

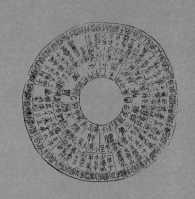

十二经络五令六气图
（明·冯应京《月令广义》）

小寒

梅艳欣荣柳枝瘦

　　冬至后十五天，小寒节气到来，此时太阳到达黄经 285 度，交节时间一般为公历 1 月 5 日至 7 日。其与大寒、小暑、大暑一样是表示气温变化的节气，《月令七十二候集解》："十二月节，月初寒尚小，故云。月半则大矣。"说明小寒时节天渐寒，但还没有到大冷的时候。

　　小寒时节，太阳直射点虽然早已开始从南回归线北移，但依然在南半球范围内。地面所存蓄的热量到这时已经全部散尽，所吸收的热量远不如散失的热量，气温要比冬至低，因此说"冷在三九"。一般而言，我国北方大寒时节的平均气温要低于小寒节气；南方则相反，南方最冷的时节不是大寒，而是小寒期间及雨水与惊蛰之间，因此就有"小寒胜大寒"的说法。

咏廿四气诗·小寒十二月节

唐·元稹

小寒连大吕，欢鹊垒新集。
拾食寻河曲，衔紫绕树梢。
霜鹰近北首，雏雉隐丛茅。
莫怪严凝切，春冬正月交。

小寒物候

一候雁北乡
二候鹊始巢
三候雉雊

"一候雁北乡"，古人对"雁北乡"的解释是："乡，向导之义。二阳之候，雁将避热而回，今则乡北飞之，至立春后皆归矣，禽鸟得气之先故也。"古人认为大雁是顺阳气而迁移的候鸟，此时北方阳气已生，并不断上升，大雁也就开始往北飞了。

"二候鹊始巢"，"鹊始巢"。鹊就是喜鹊，因"鹊巢之门每向太岁，冬至天元之始，至后二阳已得来年之节气，鹊遂可为巢，知所向也"。喜鹊在古人眼里是一种通晓阴阳天象的鸟，也是吉祥的象征，五代王仁裕《开元天宝遗事》中有"时人之家，闻鹊声皆为喜兆，故谓灵鹊报喜"的记载。这时喜鹊开始搭建巢穴，准备孕育下一代。

"三候雉雊（gòu）"，古人对第三候的解释是："雉，文明之禽，阳鸟也；雊，雌雄之同鸣也，感于阳而后有声。"雉就是野鸡，雊就是鸣叫，到了小寒三候，野鸡感受到阳气的滋长，开始发出鸣叫声。

《逸周书·时训解》："雁不北向，民不怀主；鹊不始巢，国不宁；雉不始雊，国大水。"意思是大雁不向北飞，百姓不会心向君主；喜鹊不筑巢，国家不会太平；野鸡不鸣叫，国内将会有大水。

千秋岁·寿王推官母九十一是日小寒节

元·朱晞颜

嫩冰池沼。泽国寒初峭。梅乍坼，春才早。朱门歌管蛊，绣阁沉烟袅。欢宴处，神仙一夜离蓬岛。

九十过头了，百岁看看到。须听取，千年调。人夸嫫母妍，我觉彭篯少。强健在，看儿历遍中书考。

❀ 红腹锦鸡

小寒民俗

　　小寒节气一般在农历腊月，古人在腊月会举行合祀众神的腊祭。这种习俗在先秦时期就已经有了，并一直沿袭，从天子到平民百姓都进行腊祭。汉应劭《风俗通义》："腊者，猎也。言田猎取兽，以祭祀其先祖也；或曰腊者，接也，新故交接，故大祭以报功也。"由此可知，腊祭有三义：一是表达对祖先的崇敬和怀念，以示不忘本；二是答谢百神一年来的庇佑，并希望来年能继续获得护佑；三是借此机会犒劳一下自己一年的辛苦。但现在已经很少见到专门的腊祭了，一些活动都已经被其他习俗所取代。现在民间流传的小寒习俗主要有冰戏、吃黄芽菜、吃腊八粥、画图数九、吃糯米饭、吃菜饭等。

　　冰戏，顾名思义，即在冰上玩耍嬉戏。因到了小寒时节，北方的河流湖泊均已结冰，人们就会在冰上进行各种各样的活动，有用马、狗拉牵或用手持着木杆撑着爬犁在冰上穿行的，有在冰上设置冰床玩耍的，有穿着冰鞋在冰面竞走的，等等。《倚晴阁杂抄》中记载北京旧时风俗时写道："明时，积水潭尝有好事者，联十余床，携都篮酒具，铺氍毹其上，轰饮冰凌中，亦足乐也。"现在也非常盛行，是北方人冬季的一大乐事。

　　吃黄芽菜，是天津的一种习俗。清代张焘《津门杂记》中记载了以前天津地区小寒吃黄芽菜的习俗。黄芽菜是用白菜芽制作而成的，天津人在冬至后将地里白菜去掉茎叶，用粪肥把剩下的菜心覆盖起来，到了小寒吃的时候去取，这也是旧时储存白菜的一种方式。

　　吃腊八粥，是小寒期间一项重要的民俗，是古代腊祭的一种遗存，有的地方叫腊八饭。相传这个习俗来源于释迦牟尼，某年腊月初八，释迦牟尼在修行时饿晕在地，一个牧羊女施予了他一些加了野果的糯米粥。佛家中人为了纪念这件事，就在每年腊月初八熬粥供佛，并把这天熬的粥叫腊八粥。河南人将腊八粥称作"大家饭"，是纪念岳飞的一种食俗。腊八粥的食材很丰富，

据富察敦崇《燕京岁时记·腊八粥》记载："腊八粥者，用黄米、白米、江米、小米、菱角米、栗子、红江豆、去皮枣泥等，合水煮熟，外用染红桃仁、杏仁、瓜子、花生、榛穰、松子及白糖、红糖、琐琐葡萄，以作点染。"古人认为，这些食物都是有调适脾胃、补充气血、强身御寒功效的甘温之物。

画图数九，以前黄河流域的一种习俗。每到小寒，农家就画"九九消寒图"来避寒养生。该图由"亭前垂柳珍重待春风"九个字组成，并且是双钩描红形式，每个字都是九画，共八十一画，从冬至开始每天按照笔顺填写一个笔画，填完之后正好是春回大地的时候。

吃糯米饭，是广东的一种习俗。为了避寒，广东人就在小寒和大寒早上吃糯米饭。糯米比大米热量高，在冬天吃糯米饭确有驱寒的功效。

吃菜饭，南京人的一种小寒食俗，又称咸碎饭或咸饭，就是将各种菜与糯米一起煮食。有用咸肉片的，也有用香肠片的，还有用板鸭丁的……加入矮脚青、盐油和生姜粒一起煮。除了南京菜饭，还有上海菜饭、福建菜饭、台湾菜饭等。

◎ 寺庙布施腊八粥

十二月八日步至西村

宋·陆游

腊月风和意已春，时因散策过吾邻。
草烟漠漠柴门里，牛迹重重野水滨。
多病所须唯药物，差科未动是闲人。
今朝佛粥交相馈，更觉江村节物新。

小寒农事

窗前木芙蓉

宋·范成大

辛苦孤花破小寒，
花心应似客心酸。
更凭青女留连得，
未作愁红怨绿看。

驻舆遣人寻访后山陈德方家

宋·黄庭坚

江雨蒙蒙作小寒，
雪飘五老发毛斑。
城中咫尺云横栈，
独立前山望后山。

送季平道中四绝

宋·郑刚中

霜风落叶小寒天，
去客依依马不鞭。
我最平生苦离别，
可能相送不凄然。

民谚："街上走走，金钱丢手。"形容小寒时候天气寒冷，连钱丢了都不知道。对于农事而言，此时主要是农作物的防寒问题。在北方由于大雪封地，地里的农事活动较少，主要做好菜窖、畜舍管理、造肥积肥等工作。对牛马等牲畜要特别养护，要采取烧火、挂帘挡风等措施对牛棚马厩进行保暖，增强牲畜免疫力，防止病患发生。黄河地区要对冬小麦采取碾压麦田的方式防冻，并适当施加稀粪防寒增肥。在南方要注意给小麦和油菜等农作物追施冬肥，华南地区要继续做好防寒防冻、兴修水利等工作。大棚蔬菜要保证阳光照射，即使在低温雨雪天气也要适时揭开大棚遮盖物，以免影响作物的光合作用，造成营养缺失，引发植株死亡。

太岁地支释名图
（清·李光地《月令辑要》）

大寒

烈风正号须纵酒

民谚："大寒小寒，无风自寒。"与小寒一样，大寒也是表示天气寒冷程度的节气。此时太阳达到黄经 300 度，时间为公历 1 月 20 日前后，正处于三九、四九阶段，寒潮南下频繁。大寒即一年之中最冷的时候，"大者，乃凛冽之极也"。《三礼义宗》也说："大寒者，上形于小寒，故谓之大……寒气之逆极，故谓大寒。"风猛、雪大、冰厚、温低，是大寒时节主要特征，民谚有"大寒小寒，冷成一团""三九冻死猫，四九冻死狗"的说法，文人则喜欢用"冰天雪地""冰冻三尺"来形容大寒。但此时，中国南方大部分地区的平均气温仍在 6 摄氏度至 8 摄氏度，比小寒高出 1 摄氏度，也很少出现千里冰封的场景。

大寒时节降水量比较少，华南大部分地区为 5—10 毫米，西北高原一般只有 1—5 毫米。物极必反，寒极必暖，寒冷的冬天必将过去，生机盎然的春天即将到来，故俗语说："大寒到顶点，日后天渐暖。"

咏廿四气诗·大寒十二月中

唐·元稹

腊酒自盈樽，金炉兽炭温。
大寒宜近火，无事莫开门。
冬与春交替，星周月讵存？
明朝换新律，梅柳待阳春。

清·王时敏《杜甫诗意图册》之六

大寒三候

"一候鸡乳"，这时母鸡开始下蛋孵小鸡，"鸡，水畜也，得阳气而卵育，故云乳"。家禽中鸡能最先感受到阳气上升，故开始选择这个时候开始繁衍后代。

"二候征鸟厉疾"，鹰隼之类的猛禽正处于猛力捕食当中。"征，伐也，杀伐之鸟。"大寒时候寒气极烈，鹰类动物为了保持身体的热量，在高空中四处寻找猎物捕杀以度寒冬。

"三候水泽腹坚"，水中的冰一直冻结到最中央，也是冰最厚的时候。水结冰是从表面开始的，随着气温的不断降低，会自上而下、自外而里凝结，到了大寒最后五天，冰就凝结到水中央了。在古代，此时正是采冰收藏的好时节，如果收藏得好，这种冰可以保存好几年。

《逸周书·时训解》："鸡不始乳，淫女乱男；鸷鸟不厉，国不除兵；水泽不腹，坚言乃不从。"说的是物候反常，则会导致社会出问题，如果鸡不开始下蛋孵小鸡，社会上就会出现男女淫乱的现象；猛禽不高飞捕食，国家就不能剪除奸邪；水的中央不结冰，国君的政令就没人听从。气候反常自然影响到农业生产和人心安定，但与这几种情况是否会出现并没有必然联系。

◎ 鹰

大寒吟

宋·邵雍

旧雪未及消，新雪又拥户。
阶前冻银床，檐头冰钟乳。
清日无光辉，烈风正号怒。
人口各有舌，言语不能吐。

大寒民俗

　　大寒是一年中的最后一个节气，这时候也是人们忙着辞旧迎新的时候，所以大寒的习俗主要与过年有关，于是形成了"大寒迎年"的习俗。所谓"大寒迎年"就是从大寒这一天起到农历新年之间的一系列民俗活动，总共有十大习俗，分别是食糯、喝粥、纵饮、做牙、扫尘、糊窗、蒸供、赶婚、赶集、洗浴。

　　食糯，是在大寒这一天吃糯米做的食物，这在南方比较流行，如湖南人吃的糍粑就是用糯米做的。

　　喝粥，喝腊八粥，但腊八这一天有时在小寒节气内，有时在大寒节气内，故小寒、大寒的民俗里都有。

　　纵饮，就是喝酒，指到了这时宴请喝酒，古代还有宴乐等活动，东汉蔡邕《独断》里就有"腊者，岁终大祭，纵吏人宴饮也"的记载。

　　做牙，也叫打牙祭。在古时，农历二月初二、腊月十六要拜土地公，并摆放供品让土地公"打牙祭"，祭祀的供品有鸡、鱼、猪三牲和四果（四种水果，柑橘、苹果必备）。每年的二月初二是头牙，农历腊月十六是尾牙。所以这里所说的"做牙"其实是"尾牙祭"。现在这个习俗在福建沿海和台湾一些地方有保留，因为这些地方的商人将土地神当作生意兴隆的保护神。到了农历腊月十六这一天，商人停止经商，宴请自己的员工。据说白斩鸡是"尾牙祭"必上的一道菜，鸡头对准哪位员工，下年就会被辞退，因此员工在宴席上胆战心惊，故有"吃头牙粘嘴须，吃尾牙面忧忧"之说。一般而言，主人会将鸡头对准自己，免得大家心忧。现代企业每年年终的年会就是"尾牙祭"的遗俗。

　　除尘，也叫除陈、打尘，就是搞大扫除。每到年底的腊月二十三、二十四的祭灶日，"家家刷墙，扫除不祥"，即把霉运、穷运扫除掉。打扫的时候有讲究，不能多说话，有"闷声发大财"的意思。

明·文徵明《书画合璧归去来辞》

释文：

《归去来辞》：归去来今，田园将芜胡不归？既自以心为形役，奚惆怅而独悲？悟已往之不谏，知来者之可追。实迷途其未远，觉今是而昨非。舟遥遥以轻飏，风飘飘而吹衣。问征夫以前路，恨晨光之熹微。乃瞻衡宇，载欣载奔。僮仆欢迎，稚子候门。三迳就荒，松菊犹存。携幼入室，有酒盈樽。引壶觞以自酌，眄庭柯以怡颜。倚南窗以寄傲，审容膝之

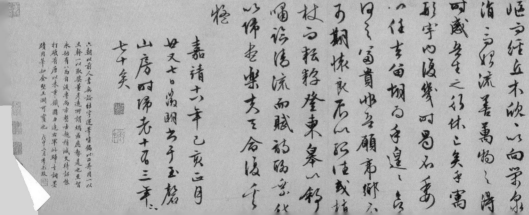

易安。园日涉以成趣，门虽设而常关。策扶老以流憩，时矫首而遐观。云无心以出岫，鸟倦飞而知还。景翳翳以将入，抚孤松而盘桓。归去来兮，请息交以绝游。世与我而相违，复驾言兮焉求？悦亲戚之情话，乐琴书以消忧。农人告余以春及，将有事于西畴。或命巾车，或棹孤舟。既窈窕以寻壑，亦崎岖而经丘。木欣欣以向荣，泉涓涓而始流。善万物之得时，感吾生之行休。已矣乎！寓形宇内复几时？曷不委心任去留？胡为乎遑遑欲何之？富贵非吾愿，帝乡不可期。怀良辰以孤往，或植杖而耘耔。登东皋以舒啸，临清流而赋诗。聊乘化以归尽，乐夫天命复奚疑！

糊窗，就是贴窗花。在古代，每年腊月二十五，人们会用新纸裱糊窗户，有些人家还会剪一些吉祥图案贴在窗户上，既美观又吉祥。

蒸供，就是用面蒸成糕点、饽饽、馒头等祭祀供品。

赶婚，是利用腊月底百神都上天"汇报工作"的时候结婚，古人认为这时候人间可以百无禁忌，嫁娶无须挑选黄道吉日。所以，每到年底会出现"岁晏乡村嫁娶忙"的景象。这种习俗现在依然比较普遍。

赶集，就是腊月底的时候赶年集，买年货。很多农村到了腊月二十六以后，天天都赶集。

洗浴，与除尘的意思相仿，不过后者是搞家庭卫生，前者是搞好个人卫生，有洗去一年的烦恼和晦气之意。所以年底再忙也要理个头、洗个澡，民间有"有钱没钱，洗澡过年"的俗语。

除了以上习俗外，还有祭灶、买芝麻秸、过除夕等。

祭灶，又称送灶或辞灶，几乎是全国各地共有的习俗，每到腊月二十三，人们就要送灶，在灶王爷的神像前准备好糖果、清水、料豆、秣草，并把糖融化涂在灶王爷的嘴上，希望灶王爷在玉帝那里多讲好话。在古时，人们还要在灶屋锅台附近的墙壁上贴灶王爷、灶王奶奶的神像，旁边挂上对联，对联内容一般为"上天言好事，回宫降吉祥"或"上天言好事，下界保平安"，横批为"一家之主"。

买芝麻秸，是指在大寒时节人们购买芝麻秸，用途是在除夕夜的时候让小孩子在上面踩，有"踩岁"的意思，寓意"岁岁平安"，求个好兆头。

过除夕，就是过大年，现在依然是一年当中最重要的节日。

◎ 清·张若澄《燕山八景·西山晴雪》

大寒农事

冬行买酒炭自随

宋·曾丰

大寒已过腊来时，万物那逃出入机。

木叶随风无顾藉，溪流落石有依归。

炎官后殿排霜气，玉友前驱挫雪威。

寄与来鸿不须怨，离乡作客未为非。

　　大寒期间人们忙着迎接新年，农事活动比较少，北方地区的百姓忙着积肥堆肥，或者加强牲畜的防寒防冻。南方地区主要是加强小麦、油菜等冬季作物的田间管理，做好清沟排水、清除杂草、补施分蘖肥等工作。广东岭南地区以前有大寒捉田鼠的农事活动，现在已不多见。